城市住区室外环境通风与空气负离子浓度评测研究

RESEARCH ON THE EVALUATION ON OUTDOOR VENTILATION AND
NEGATIVE AIR ION CONCENTRATION IN URBAN RESIDENTIAL AREAS

王薇　著

U0172405

中国建筑工业出版社

图书在版编目（CIP）数据

城市住区室外环境通风与空气负离子浓度评测研究 /
王薇著 . —北京：中国建筑工业出版社，2019.12（2022.3 重印）
ISBN 978-7-112-24668-7

Ⅰ.①城⋯　Ⅱ.①王⋯　Ⅲ.①居住区–自然通风–评
价–研究②居住区–阴离子–浓度–评价–研究　Ⅳ.
①TU834.1②0646.1

中国版本图书馆 CIP 数据核字（2020）第 023280 号

本书以空气负离子浓度与通风的相关关系研究为基点，以城市住区为研究对象，研究城市住区室外环境通风状况的适应性评价，并将其作为城市住区通风的直接检测以及评价参数和标准之一，最终形成一套可行的城市住区室外环境通风状况的定量比评价方法，进而作为评价城市住区室外环境空气清洁度的参数和标准之一。

本书可供广大城市生态环境与绿色建筑设计工作者及相关专业师生参考。

责任编辑：吴宇江
责任校对：王　烨

城市住区室外环境通风与空气负离子浓度评测研究
王薇　著
*
中国建筑工业出版社出版、发行（北京海淀三里河路9号）
各地新华书店、建筑书店经销
北京光大印艺文化发展有限公司制版
北京中科印刷有限公司印刷
*
开本：787×1092毫米　1/16　印张：14¼　字数：268千字
2020年7月第一版　　2022年3月第二次印刷
定价：48.00元
ISBN 978-7-112-24668-7
（35090）

前言

　　城市住区是城市环境中最重要的活动场所和室外空间之一，城市住区环境是
人居环境的重要组成部分，直接影响到人们的身心健康和环境的可持续发展。

　　在建筑领域，建筑通风研究一直是建筑相关专业的研究热点之一，自然通风
更是建筑师主导的使用技术之一。目前国内外对城市住区通风评价在研究方法和
设计结果上缺少统一的规则和标准，颁布的规范法规中仅强调"加强自然通风"
等设计原则，缺少定量化的评价标准。针对这些问题，本书以空气负离子浓度与
通风的相关关系研究为基点，以城市住区为研究对象，研究城市住区室外环境通
风状况的适应性评价，并将其作为城市住区通风的直接检测以及评价参数和标准
之一，最终形成一套可行的城市住区室外环境通风状况的定量化评价方法，进而
作为评价城市住区室外环境空气清洁度的参数和标准之一。

　　空气负离子被誉为"空气的维生素和生长素"，对人体的健康和环境的净化
作用都相当显著，在环境评价中被列为衡量空气质量好坏的一个重要参数，称为
空气清新程度的指南针。笔者结合理论研究和文献综述以及开展的实验模拟和实
地观测的结论表明，空气的摩擦在一定的临界风速下可以激发产生空气负离子，
并呈现出明显的相关性。结合前人和作者的研究形成了自然环境和城市环境中空
气负离子浓度的评价标准，并且验证了空气负离子作为评价城市住区通风标准之
一的可行性和科学性，以及单极系数 q 和安培空气质量评价指数 CI 评价住区环境

空气清洁度的适用范围。在此基础上，选取夏热冬冷地区合肥市某住宅小区为研究对象，结合当地实际气候和气象数据，首先运用CFD模拟分析该住区夏冬两季通风状况的模拟图，并分析了住区内部的计算机模拟通风状况。在此基础上得到了住区内不同环境的通风特征，包括建筑布局、空间形态、建筑密度、交通路网、植物绿化等对通风的影响。再根据模拟参数，在住区内相应位置实地观测了大量的空气负离子和风速、温度、湿度以及空气正离子等数据，大尺度地探索了住区室外环境中空气负离子浓度与风速、温度、湿度和空气正离子之间的相关关系。整理了近4万个有效数据应用于空气负离子和风速的时空分布研究，推导出夏季风速与空气负离子的线性回归方程，并运用偏相关分析，得出城市住区环境中空气负离子与风速呈极显著负相关，用以说明评价住区室外环境通风状况的可行性。

其次，进一步拓展了空气负离子在城市绿地环境的研究，开展了不同类型绿地的空气负离子浓度和PM2.5浓度的时空分布特征及相关关系研究，并进行了空气质量评价。

本书最后部分对城市住区室外环境的空气清洁度分布进行了评价，并结合建筑布局、空间形态、建筑密度、交通路网以及植物绿化等方面分析了其分布规律，最后对城市住区室外环境通风的设计方法进行了总结。

本研究工作中所建立的研究方法、技术路线以及取得的成果，不仅对城市居住区环境中空气负离子与风速之间，也对空气负离子与细颗粒物、其他环境因子的相互关系研究提供了重要的指导意义和参考价值，为更新完善城市住区人居环境质量评价方法和标准奠定了研究基础。

本书得到了国家自然科学基金面上项目"基于细颗粒物模拟和负离子评价的高密度城市住区空间形态研究"（51778001）的资助。同时也感谢中国建筑工业出版社责任编辑吴宇江老师对于本书的出版给予的大力支持。由于测试工具和水平有限，书中难免出现疏漏和引用不妥之处，望读者和被引用论文作者见谅。

最后，诚挚地感谢我在读博期间各位老师和同学们给予我的帮助和友谊，尤其我的导师余庄教授指导我与负离子结下了机缘。家人们全方位的理解、鼓励与无私的支持更是我得以顺利开展研究的坚强后盾，也是我不断前进的根本动力！

目 录

1 绪 论

居住是城市的第一功能，城市住区则是人类在城市中最主要的聚居场所，直接影响到人们的身心健康和环境的可持续发展。然而随着城市化的快速发展，城市的资源和能耗在不断地增加，城市环境的污染也越来越严重，越来越多的城市居民开始厌倦城市的生活。

目前大多数城市住区中的"绿色""生态""健康"等理念多停留在绿化和美化的层面上，并未涉及对人体生理健康状态上的内涵，同时概念上的模糊、认识上的混乱以及统一技术标准和科学评价方法的缺乏，[1]已经成为城市住区环境可持续发展的制约因素之一。

1.1 研究背景

1.1.1 中国城市化进程中的城市住区环境发展

诺贝尔经济奖获得者斯蒂格利茨（Stiglitze）曾在世界银行中国代表处讲到，21世纪初期影响最大的世界性事件，除了高科技以外就是中国的城市化。[2]我国城市的规模在迅速扩大，城市的数量在不断增加，城市的住区面积也在不断扩大。城市住区作为人类在城市中最主要的聚居场所，快速的城市化进程就意味着持续增加的住房需求，在发达国家已经更多地关注城市居住质量的时候，我国城市住宅产业在未来一段时间内仍然要以满足人民不断增长的住房需求为目的。[3]

城市居民在感受城市化所带来的物质和精神文明的同时，也承受城市化过程中伴随产生的人居环境污染。[4]在自然中诗意地栖居是人们对居住环境的理想，城市住区环境更是影响人居环境和居民健康的核心问题之一。随着城市经济发展、人口增长、城市规划建设以及人们日益关注自身生活环境质量的大背景下，如何通过合理的规划布局和空间配置来缓解城市化引起的城市生态环境问题，为城市居民提供安全、健康、方便、舒适的居住环境，促进其健康协调发展，是现代社会和谐发展的目标之一。

1.1.2 城市住区风环境问题比较突出

居住区是人们日常生活中使用频率最高且影响范围最广泛的环境，它深刻影响着居民的生理、心理、观念和行为，自然也就成为人们普遍关心的焦点和评价研究最多的区域。[5]居住区风环境作为居住区整体环境的重要组成部分，与人们的身心健康和生活质量密切相关。从人居环境的保护出发，研究城市住区风环境设计能够提高居住区环境的舒适度，对于城市的可持续发展具有重要意义。现阶段居住区风环境问题日益突出，主要包括以下几个问题：

（1）规范制度的缺失使住区的人居环境和居民的身心健康得不到保障；

（2）居住区风环境评价缺少量化且利于实时监测发布的技术措施和评价标准；

（3）居住区风环境设计超出规划师和建筑师的设计能力范围；

（4）场地空气气流变化导致居住区夏季和冬季出现的不利情况影响了居住的舒适度，甚至危害人的生命安全。

1.1.3 城市住区通风评价标准的不完善

在建筑领域，建筑通风研究一直是建筑相关专业的研究热点之一，自然通风更是建筑师主导的使用技术之一。建筑通风不仅是保障人居环境的关键因素，同时它还与人体舒适度和建筑节能也密切相关，因此城市住区规划与建筑设计中应加强建筑通风，并根据不同地域环境以及不同季节要求有所不同，以当地主导气候为基础组织自然通风，改善人居环境。

由于住区的自然通风效果由外部和内部因素共同作用，[6] 而这些因素大多超出了规划师和建筑师的设计能力范围，对比英国、比利时、法国、荷兰一些发达国家住区和 ASHRAE 的住宅通风评价标准，城市住区室外环境通风评价在研究方法和设计结果上缺少统一的规则和标准 [7]。我国的住区通风相关标准也不完善，对通风评价标准未进行严格要求。目前国内规划和建筑设计规范中，《城市居住区规划设计标准》（GB 50180—2018）对通风标准仅仅强调夏季防热和组织自然通风、导风入室等综合考虑原则，[8] 室外通风评价缺少定量化的、简单且易于大众接受的评价标准和方法。我国《民用建筑工程室内环境污染控制规范(2013年版)》（GB 50325—2010）中考虑到了通风对于污染物控制作用，但是在实际运行中常常发生因不选择通风或者通风方式不当而造成的污染超标，主要原因是该标准中没有涉及评价通风方式的评价效果，[9] 而且只适用于室内通风标准。其次规范中还提到民用建筑工程的室内通风设计，应符合国家现行标准《工业建筑供暖通风与空气调节设计规范》和《民用建筑设计统一标准》的有关规定，而这些规定里也仅仅是强调"利用自然气流组织好通风，防止不良小气候产生"等设计原则，[10] 缺少定量化的评价标准。

目前很多地方都颁布了对日照要求的法律条例，但却没有一部法律条例或者设计规范来约束城市住区通风效果的好坏。随着逐渐恶化的城市环境以及人们日益关注自身生活环境质量的大背景下，开展住区室外通风状况评价方法的研究是非常有必要的，可以为国家和行业的规范标准制定提供可行性依据。同时针对不同通风方式进行评价分析，还可以确定该通风方式在环境保护和节能减排中体现的性能，为环境的可持续发展提供理论依据。

标准的制定是以科学技术和实践经验成果为基础的，同时标准的实施又推进了科学技术的进步和推广科技成果的应用。我国城市住区通风状况评价标准作为一个体系的建立，其任务还比较繁重，而实施更需要一个相当长的过程。[5]

1.1.4 通风不畅严重影响了城市环境和人体健康

2013 年初以来，我国发生了持续大规模雾霾污染事件，包括华北平原、黄淮、江淮、江汉、江南、华南北部等地区，污染范围覆盖近 270 万 km^2，波及 17 个省市，影响近 6 亿人口。也就是说，1/3 左右的国土面积、近一半人口笼罩在雾霾之中（图 1-1）。[11]

在众多空气污染物中，其中臭氧和细微颗粒物对环境和人体健康造成了根本性的影响，同时两者均会导致呼吸道和心血管疾病。雾霾污染期间，多地空气质量达严重污染，心血管和呼吸道疾病患者与往年同期相比，发病率明显攀升。面对灰霾持续不退、PM2.5 数值居高不下以及逐渐恶化的城市环境，越来越多的城市居民开始厌倦城市的生活。有研究表明极其不利于污染物扩散的天气过程和气象条件是大面积灰霾污染形成的客观原因。[12] 由于通风不畅，城市中的污染物大量聚集，加上缺乏有效的通风和扩散手段，使城市的污染越来越严重，城市环境越来越差，因此完善并组织有效的通风成为现今城市亟待解决的问题。

图 1-1 南京市雾霾组图

图片来源：http://news.house365.com/gbk/njestate/system/2013/12/05/023082991.html

1.1.5 污染物评价指标的局限性

随着以煤炭为主的能源消耗大幅攀升和机动车保有量急剧增加，2012 年我国宣布将 PM2.5 浓度值列入环境空气质量评价。虽然有研究表明 PM2.5 等污染物居高不下以及城市环境的恶化与通风有着密切的关系，但相对于城市这个包含多种功能与属性的综合体来说，城市居住区是人类聚居的场所，其功能与属性相对单一。而且根据不同地域环境和不同城市布局，污染物的产生和扩散对城市住区环境的影响差别显著。

同时对比国家标准中出现的污染项目和 AQI[①] 和 IAQI[②] 指数发现，各项评价指标局限在各种污染物上，都是以负面指标来评价空气质量。当整个城市环境空气质量恶劣时，城市住区环境也备受困扰，评价指标难以满足城市住区通风状况的适应性评价。另外有权威专家指出，虽然煤烟污染所排放的重金属、细微颗粒物（PM2.5）、二氧化硫（SO_2）和氮氧化物（NO_x）等污染物一定会影响人体健康，但至于对寿命的影响，目前还没有充分证据，同时国际上对该数值的计算方法亦存在较大争议。[13] 因此，为了满足人们日益增长的提高人居环境的要求，城市住区需要有满足其自身需求的通风评价标准，用来指导城市住区规划和建筑设计。

1.1.6 空气负离子是衡量空气质量好坏的一个重要参数

面对逐渐恶化的环境状况，人们在世界范围内掀起了一股空气负离子研究的热潮，开始了空气负离子与城市环境关系的研究。[14] 空气负离子被誉为"空气的维生素和生长素"。[15] 研究发现，空气负离子含量少，且正、负离子浓度比例大，空气就越差；空气负离子浓度越高，空气越清洁，感觉就越舒服，对人体健康和环境生态有益。[14] 因此在环境评价中，空气负离子浓度被列为衡量空气质量好坏的一个重要参数，[16] 又称为空气清洁程度的指南针。

空气负离子已经被证实具有杀菌、降尘、清洁空气、提高人体免疫能力、调节机体功能平衡的作用。空气负离子的含量水平也已作为公园建立森林浴场、森林别墅区、度假疗养区、负离子吸收区的重要依据。[14] 作者前期参与的相关课题研究结果表明，在不同通风状态下建筑环境的空气负离子浓度差别较大，自然环境中的空气负离子浓度要显著高于城市环境，利用对主导风向的引导与加强，可以最大限度地激发和保持空气负离子浓度，并且通过有效的通风设计引入室内，可以提高室内的空气负离子浓度，从而改善人居环境质量。

---

① AQI：Air Quality Index，见《环境空气质量标准》（GB 3095—2012）。

② IAQI：Individual Air Quality Index，见《环境空气质量标准》（GB 3095—2012）。

由此发现作为正面评价标准、衡量空气质量好坏的另一个重要参数空气负离子是一种客观存在的、宝贵的生态环境资源，在建筑领域尚未被系统深入地研究和推广。因此开展空气负离子浓度与建筑通风的关系有利于丰富建筑通风状况评价的方法和内容，也能提高人居环境质量评价工作的科学水平，缓解公众面对环境的压力和恐慌。

1.2 课题来源

通过实验和实证研究结果表明，空气的摩擦可以产生空气负离子，自然环境和城市环境中的空气负离子浓度分布差异较明显，并且空气负离子浓度评价室内外通风状况具有可行性。由于实测数据和实验条件的限制，在后续的实证研究中将进一步提高实验数据的精度，以便做出准确科学的评价分析。

1.2.1 相关研究项目

（1）国家自然科学基金面上项目：基于细颗粒物模拟和负离子评价的高密度城市住区空间形态研究（51778001），2018 年 1 月至 2021 年 12 月；

（2）安徽省教育厅自然科学研究重大项目：城市绿地空间格局与城市微气候及空气质量耦合机理与调控（KJ2016SD13），2016 年 1 月至 2019 年 12 月；

（3）安徽省教育厅自然科学研究重点项目：基于空气负离子浓度评价模型的室内外热环境影响因子与街区城市宜居环境研究 (KJ2013A069)，2013 年 1 月至 2014 年 12 月。

1.2.2 实验室模拟实验

实验室内的模拟实验有助于研究风速与空气负离子的数值关系，为本研究的开展奠定了实验经验。在实验室研究自然通风、封闭状态和开启新风系统等不同通风状态下，室内空气负离子浓度及相关因子的变化规律；同时通过无叶风扇和负离子发生器的结合，测试在不同风速下和不同距离下，负离子的扩散和传送衰减。经过初步研究分析得知，自然通风或者有新风进入的室内空气负离子浓度高、单极系数小，空气清洁舒适，对人体健康有益。同时负离子发生器对室内空气清洁度具有显著的改善作用。

1.2.3 前期观测与基准数据

1. 南部沿海省份不同环境场所实测

2011 年 9 月下旬对南部沿海某省份近 10 处具有代表意义的不同环境场所进

行观测研究，研究区域涵盖了森林、瀑布、海边、乡村田野、郊区旷野、县城中心、县城宾馆客房等不同类型。观测期间气象稳定，晴到多云，平均气温在25~27℃。研究运用定量分析出不同环境场所的空气负离子浓度，找出了与空气负离子浓度相关联的环境因子。研究显示，空气负离子浓度与风速、水、植物、相对湿度等有较为密切的关系，其中最主要的影响是水，其次是风，最小的是气温。[17]同时推导出自然环境中不同场所环境空气负离子的分布标准，见表1-1。

自然环境中的空气负离子分布标准　　　　　　　　表1-1

环境场所	空气负离子浓度（ion/cm^3）	环境场所	空气负离子浓度（ion/cm^3）
海边	2000~6000	郊区旷野	1200~1500
瀑布	10000~40000	乡村田野	450~2000
峡谷	400~1500	街道绿化带	200~1000
溪流	600~2400	县城中心	200~400

2. 夏热冬暖地区办公楼实测

2011年10月下旬和2012年8月对夏热冬暖地区办公楼不同制冷系统的办公室内空气负离子浓度分布的进行观测研究，利用空气离子单极系数和安培空气质量评价指数对室内空气质量进行了评价分析。自然通风状态下普通办公室内的空气负离子浓度在500~800ion/cm^3，机械通风状态下办公室内的空气负离子浓度在150~480ion/cm^3，有新风系统的办公室内空气负离子浓度在760ion/cm^{3}左右。结果表明有新风系统的室内比普通空调系统的室内空气负离子浓度高，自然通风状态下的空气清洁度比机械通风状态下空气清洁度好，而放置负离子发生器更对室内空气清洁度有显著提高，[18]因此加强室内的自然通风可以提高室内负离子浓度，营造舒适的室内环境。

3. 夏热冬冷地区不同类型的城市住区环境实测

2011年10—11月和2012年3月对夏热冬冷地区不同类型的居住区（低层、多层、高层住区）环境进行观测研究，并利用单极系数及安培空气质量评价指数对城市室内外环境的空气质量进行了初步评价。结果表明，从城市室内环境到城市居住区环境、城镇、自然生态环境空气清洁度逐步变好。城市居住区环境中以低层高密度住区的空气质量最好，空气负离子浓度为289ion/cm^3，评价指数达到1.7，空气清洁度为最清洁；而高层高密度居住区最差，空气负离子浓度为139ion/cm^3，评价指数达到0.08，空气清洁度为重污染。城市住宅室内环境的空气负离子浓度较低，在某高层居住区门窗关闭的客厅内测得单极系数高达21.7，而同时在打开门窗自然通风状态下的单极系数则显著减小。[19] 因此加强室内外自然通风,通过引导室外气流的有效进入而提高室内空气负离子浓度对室内环境空气清洁度的改善显著。

1.3　研究目的和意义

本研究的目的是以自然环境和城市环境的实测研究与实验室模拟实验的研究成果为基础,选取夏热冬冷地区合肥市某住宅小区为测试和研究对象,采用 CFD 模拟分析、现场实验与监测、理论借鉴及数理统计等研究方法,通过对空气负离子与气象和环境因子的测试与分析,研究城市住区室外环境空气负离子浓度的时空分布特征,以及其与建筑通风的相关关系。关注如何利用空气负离子的时空特征和关键影响因子等因素对城市住区室外环境的通风状况进行适应性评价,将其作为城市住区通风的直接检测以及评价参数和标准之一。最终形成一套可行的城市住区通风状况的定量化评价方法,进而作为城市住区室外环境空气清洁度的评价参数和标准之一。

研究空气负离子浓度与建筑通风的关系,把空气负离子浓度作为城市住区通风的直接检测和评价参数以及标准之一,丰富了建筑通风设计的内容,为探索科学可行的城市住区室外环境通风状况的定量化评价方法奠定了研究平台,对我国夏热冬冷地区城市住区宜居环境的规划与建筑设计具有重要的理论和指导意义。同时提出将其作为城市住区室外环境空气清洁度的评价参数和标准之一,有利于提高住区人居环境质量评价工作的科学管理水平,对提高人们的健康水平和营造健康舒适的居住环境具有重要的现实意义。

1.4　研究内容和方法

1.4.1　研究内容

本书包括以下 7 章:

第 1 章:绪论。简要阐述了城市化进程中城市住区环境的发展,城市住区通风的重要性以及逐渐恶化的城市环境现状等问题,由此提出了通风是保障人居环境的关键因素。面对城市住区通风评价标准的不完善以及污染物评价指标的局限性,笔者根据城市住区自身需求提出空气负离子这个重要参数,由此开展基于空气负离子浓度评价城市住区通风的适应性研究。运用定性和定量相结合、多专业跨学科的研究方法,拓展城市住区室外环境的空气负离子浓度与建筑通风的关系研究。

第 2 章:研究对象与实验方法。主要对空气负离子的定义、产生机理和作用价值作了阐述，并对实验方法和评价手段进行分析，从而明确数据实时监测的准确性、数据分析和评价标准的科学性、评价模型的有效性以及使用范围的广泛性。

第3章：自然环境和城市环境下空气负离子浓度的实验和实证研究。结合理论借鉴、实验室模拟实验和现场观测，定性和定量分析了风速的摩擦和水体的撞击及喷射对空气负离子浓度的激发和保持能力。通过一系列的室内模拟和实测对比，包括自然环境、城市环境以及不同通风状态下的室内外空气负离子浓度变化，以及其与风速、温度、湿度、植物绿化等相关因子的关系。运用单极系数（q）和安培空气质量评价指数（CI）对空气清洁度和空气质量进行评价分析，初步分析得出风速与空气负离子浓度的关系最为密切。

第4章：城市住区通风环境的数值建模模拟研究。对城市住区的通风环境数值模拟的研究发展情况和目前研究工作中主要使用的模拟研究方法及其特点进行了相应的总结。选取了夏热冬冷地区合肥市某住宅小区为研究对象，结合当地实际气候情况和气象数据，拟定10m高处平均风速为1.8~2.4m/s的情况下运用CFD模拟分析，最终得到该住宅小区夏冬两季通风状况的模拟图，并分析了住区内计算机模拟的通风状况。

第5章：城市住区室外环境空气负离子浓度的时空分布研究。在CFD模拟分析基础上，分析了住区不同环境特征下，包括建筑布局、空间形态、建筑密度、交通路网、植物绿化等对通风的影响，并根据模拟参数确定实测研究的方案。通过对夏秋冬季节和不同空间（12处样点）的住区室外环境空气负离子浓度的分布规律进行分析，得出空气负离子浓度的时空分布特征，以及空气负离子浓度与环境影响因子的相关关系。根据实测结果，运用SPSS软件分析空气负离子与风速和温度的相关系数和线性回归方程，并进一步用偏相关系数进行分析，明确了夏季空气负离子与风速呈极显著负相关，以此来评价住区不同环境特征的通风状况，用以说明评价住区室外环境通风状况的可行性，并将其作为城市住区通风的直接检测以及评价参数和标准之一，进而作为评价城市住区室外环境空气清洁度的参数和标准之一。

第6章：城市绿地环境空气负离子浓度的时空分布研究。选取3种不同类型绿地为研究对象，并以空旷广场为对照，于夏冬两季分别测试了空气离子浓度、PM2.5浓度、温度、湿度、风速等指标，分析了3种不同类型绿地以及对照广场的空气负离子浓度和PM2.5浓度的时空特征，并进行了空气质量评价。在前面研究基础上增加了PM2.5实时监测，与空气负离子进行对比分析，初步得出两者之间的相关关系。

第7章：结论和展望。针对空气负离子浓度与风速的线性回归方程以及两者呈极显著负相关的相关关系，强调了空气负离子浓度是城市住区通风状况的必要条件，提出把空气负离子浓度作为城市住区通风的直接检测以及评价参数和标准之一，并对未来的研究进行展望。

1.4.2 研究方法

1. 文献阅读

关注"城市住区""通风设计""通风评价""建筑布局""宜居环境""空气负离子"等相关文献和最新研究进展。通过相关研究文献的阅读，对学科的背景有较全面的理解，力争对该研究有一个整体的认识，并保证研究方法的可行性及研究内容上的创新。

2. 实测研究

（1）开展自然环境中的空气负离子浓度的监测研究，为本项目的开展提供参考标准。根据地理环境因素的不同差别，选取瀑布、海边、峡谷、溪流、乡村田野、郊区旷野等具有典型特征的自然生态环境作为监测对象进行研究分析。

（2）开展不同类型城市住区环境中的空气负离子浓度的监测研究，对数据进行筛选分析。同时结合城市住区室外环境的监测开展相应的建筑室内环境空气负离子浓度的监测研究。

3. 实验室模拟实验

以财政部、建设部可再生能源建筑应用示范项目为研究对象，研究自然通风、封闭状态和开启新风系统等不同通风状态下，室内空气负离子浓度及相关因子的变化规律；同时通过无叶风扇和负离子发生器的结合，测试在不同风速下和不同距离下，负离子的扩散和传送衰减。

4. 计算机模拟应用

用 CFD 软件 AirPak 模拟住区建筑室外的风环境，结合当地实际气候和气象数据显示，拟定 10m 高处平均风速为 1.8~2.4m/s，模拟住区夏季和冬季在 1.5m 高的风速图。研究中运用实测的数据对模拟进行检验以保证模拟的准确性。

5. 数值计算分析

运用 SPSS 统计分析方法进行数据处理，拓展统计学的相关分析和偏相关分析在住区环境空气负离子浓度与建筑通风领域的研究与应用。通过偏相关系数判断风速对空气负离子浓度的重要性，为进一步研究可优化的住区风环境设计提供科学依据。

6. 评价分析

应用国内外应用最广的单极系数（q）和安培空气质量评价指数（CI）对住区环境空气清洁度和空气质量进行评价，并对其主要因子空气负离子和正离子进行定量分析，旨在以此为基础丰富城市住区人居环境质量的评价标准和内容。

7. 学科交叉

城市住区空气负离子与通风研究研究涉及生物学、医学、环境学、风景园林、生态学、旅游学、物理学、统计学等多个相关学科,因此要加强多学科的合作与交叉。运用系统思维的方法,树立从整体上综合思考的观念,将来自不同学科,具有不同适用范围的单项技术和知识进行整合。

1.4.3 研究技术路线

本书的研究技术路线如图1-2所示。

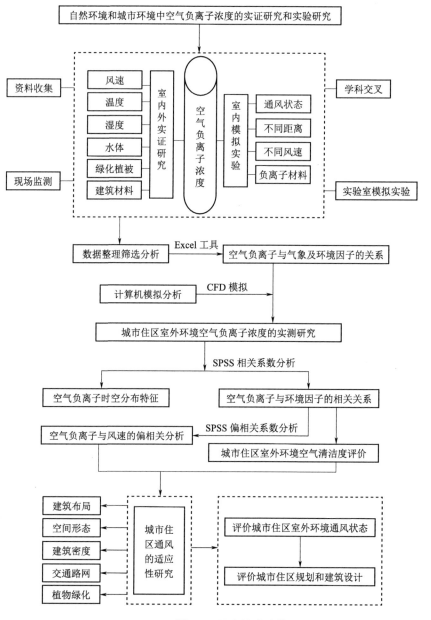

图1-2 研究技术路线

1.5 相关研究界定

1.5.1 城市住区

居住是城市的四大功能之一，城市住区作为城市的基本构成单位，对于乡村的村落而言，城市住区特指我国城市结构中的聚居形态，强调的是一定规模下的形态与空间功能单位。

人居环境有几种不同的类型，基本上可以归纳为住宅、住区和社区。其中住宅多指房屋建筑，是一个单体的概念。住区则包括住宅及与其相关的道路、绿地，以及居住所必需的基础设施和公建配套设施等，因此是一个区域的概念，其范围根据具体指标可划分为居住区、居住小区和居住组团等。住区与社区的概念类似，但社区涵盖的内容更为广泛，它还包含居民相互间的邻里关系、价值观念和道德准则等维系个人发展和社会稳定与繁荣的内容。[20]

作为人居环境的一种主要类型，城市住区是城市环境中最为重要的活动场所和室外空间之一，它深刻影响着居民的生理、心理、观念和行为，对人们的生活质量产生直接或间接的重要影响。

1.5.2 适应性研究

"适应"是生命科学中的一个带有普遍性的概念，英文"Adaptation"一词来源于拉丁文"Adaptatus"，原意是调整和改变，[21]是生物特有的普遍存在的现象。包含两方面含义：①结构与功能的对应关系，即结构适合于一定的功能；②生物的结构与其功能适合于该生物在一定环境条件下的生存和繁殖。生物体这种对应外界环境条件的适应能力谓之适应性。[22]

系统是由若干个相互联系和区别，而又相互作用和制约的要素所组成，并能实现一定整体功能的有机集合体。系统中某一要素 A（以及表明其特征的指标）的变化，既受系统中 B 和 C 等其他要素的影响和制约，又对它们发生影响和作用，若要保持系统的整体功能，则要求其中各要素之间相互适应。因此从系统的观点来看，系统的维持和发展，特别注重系统内部以及系统与外部环境之间的协调和适应。即对系统中某一要素 A 的变化进行考察分析时，便存在着 A 要素与 B、C等要素之间是否适应的问题。[23]

本书所指的适应性是指城市住区通风与其相关影响因素之间相互适合的现象。城市住区通风与影响因素之间的适合程度称为城市住区通风的适应度，城市住区通风的适应度可以用空气负离子浓度对城市住区通风的影响因素进行分析后得到的评价值确定。

夏热冬冷地区是本书研究的地域背景，其季节性变化明显的特征是进行城市住区通风状况的适应性评价和实现城市住区人居环境提升的出发点。本书在前人研究的基础上，结合实验室模拟试验和现场实测获得的基础数据，建立空气负离子浓度的评价模型和线性回归方程，探讨夏热冬冷地区城市住区室外环境通风状况的适应性评价。具有通风适应性的建筑布局有助于激发空气负离子的浓度，并且改善城市住区微气候和提高住区人居环境的整体效益，为城市环境提供保障。

1.5.3 空气离子

空气分子是由原子组成的，原子是由原子核和电子组成的。原子核带正电荷，电子带负电荷。当正电荷和负电荷的数量相等时，空气分子和原子呈电中性。[14] 当空气分子受到外界条件如雷电、紫外线、宇宙射线、地壳放射性元素辐射后发生电离则形成空气离子。[15] 空气离子浓度以 $1cm^3$ 空气中含有的空气离子数量来表示，单位为 "ion/cm^3"。

1. 空气小离子和大离子

空气离子按体积大小可分为小离子和大离子，具有分子尺度大小的离子叫小离子或轻离子，其直径大约 $0.001 \sim 0.003 \mu m$，寿命在数秒至数十秒之间；小离子在大气中相互碰撞后不断聚集就形成了中离子，其直径在 $0.003 \sim 0.030 \mu m$；在被污染的空气中，小离子与空气中的尘、雾等污染物结合之后，就成为粒径较大的大离子或者重离子，其体积比小离子大成千上万倍，其直径在 $0.030 \sim 0.100 \mu m$。通常一代空气负离子的寿命最多只有几分钟，而小离子具有最大的生物活性，因此，平时所说的空气负离子就是指小离子。[24]

2. 空气负离子和正离子

大气离子一般只带一个单位的正电荷和或负电荷，其电量等于一个电子所带的电量，即 $1.6 \times 10^{-9} C$。[25] 当空气分子外层电子即摆脱原子核的束缚从轨道中跃出，气体分子或原子则呈正电性，变为正离子。若所跃出的电子被中性气体分子或原子捕获，则呈负电性，变为负离子。因此空气负离子是带负电荷的单个气体分子和轻离子团的总称。[26]

一般情况下，正离子的浓度略高于负离子，其比值约为 1.15:1.00。[24] 由于一部分正、负离子互相碰撞，或与地面碰撞中和而失去电性；一部分大离子由于有较大的体积，容易碰到带异性电荷的离子而中和失去电性；还有一部分离子与大气中的气溶胶粒子碰撞后降至地面而消失。因此，空气离子的寿命是很短的，只有几十秒至数分钟。[25] 但它们在自然界中却相对恒定，保持动态平衡状态。

3. 空气负氧离子

空气是一种混合物，主要由 78% 的氮气（N_2）、21% 的氧气（O_2）、0.94% 的稀有气体，0.03% 的二氧化碳（CO_2），0.03% 的其他气体以及杂质气体共同组成。[27,28] 当空气中的气体分子在电离作用下产生的自由电子在空气中游离时，O_2 和 CO_2 的对它的捕获能力最强，而 O_2 占空气的 21%，CO_2 只占 0.03%，同时 O_2 比 CO_2 等分子更具有亲电性，因此 O_2 优先获得电子而形成负离子，所以空气负离子主要由负氧离子组成，常常又被称为"负氧离子"。[24]

1.5.4 空气清洁度

空气清洁度与空气负离子浓度有着密切的关系，[29] 空气负离子利用带电功能，能将空气中悬浮污染物、细菌、微生物等吸附捕获而使空气变得清洁，因此，空气负离子含量越高，空气就越清洁舒适。

日本学者安培[①]通过对城市居民生活区空气负离子的研究，建立了安培空气离子评价指数，[29] 进而评价城市居民生活区的空气清洁度等级，反映了空气负离子含量在一定程度上与空气清洁度及环境遭受污染的程度关系密切。英国人霍金斯则列举了晴天不同地点的空气负离子浓度和空气状况，由表 1-2 可见不同地区的空气负离子浓度有很大差异，以空调房间内空气负离子浓度为最低。[14]

晴天不同地区的空气负离子浓度　　　　　　　　　　表 1-2

地点	地区	空气负离子浓度（ion/cm³）	
		正离子	负离子
室外	郊区清洁空气	1200	1000
	城镇污染空气	800	700
	城市空气	500	300
室内	无空调郊区住房	1000	800
	有空调郊区办公室	100	100
	有空调城市办公室	150	50

来源：黄彦柳，陈东辉，陆丹，等.空气负离子与城市环境 [J]. 干旱环境监测，2004, 4(18):210.

由表 1-2 可以看出，郊区的空气负离子浓度高，空气清洁，空气质量好；而空调房间内的空气负离子浓度低，空气不清洁，空气质量差。这主要是由于空调房间内的空气不流畅以及其他周边环境因素引起的，同时普通空调制冷在送风前

① 详见本书 2.4.3 节评价方法中介绍。

有冷却或加热、加湿、滤尘等处理，这种通风措施对于改善微小气候有一定的效果，但在滤尘的同时也滤掉了空气负离子。[14]因此从节能减排和人居环境的角度来看，关注如何通过合理的规划布局和空间配置来缓解因城市化引起的城市生态环境问题，加强室内外自然通风，不断提高空气质量，从而达到改善人居环境质量是未来研究的重点。

1.5.5　空气清新度

空气清新度是室内空气品质的研究概念。在室内某点，新鲜空气含量越多，该点的室内空气品质一般就越好，对人体的健康也越有益处。因此室内空气清新度定义为在某一地点，单位时间从室外进入的新鲜空气量（m³/h）占该点所有气体量的比值。[30]计算公式①②如下：

$$d_f = \frac{\int_0^t \int_0^{V_1} c(x,y,z,\tau)Wd_v d_\tau}{tV_1} \tag{1-1}$$

式中　d_f——室内空气清新度（1/h）；

$c(x, y, z, \tau)$——新风在该点的浓度，即该微元点的空气清新程度（1/h）；

d_v——体积微元（h）；

d_τ——时间微元（h）；

t——测量时间（h）；

V_1——测量地点取样区域的体积（m³）；

W——该点重要性占整个取样区域重要性的权重，$\int_0^{V_1} Wd_v = 1$。

根据《公共建筑节能设计标准》GB 50189—2015计算一些民用建筑空调系统的室内空气清新度，见表1-3所示。

一些公共建筑的室内空气清新度　　　　表1-3

公共建筑	空气清新度（1/h）
普通办公室	2.27
高档办公室	1.04
高档客房（五星级）	0.46

① 公式来源：周义德，杨瑞梁，高龙，等. 运用室内空气清新度确定封闭式车间空调系统最小新风量[J]. 暖通空调,2008,38(2):50.

② 公式来源：杨瑞梁，樊瑞，马富芹. 纺织车间空调系统最小新风量的研究[J]. 棉纺织技术,2008(09):20.

公共建筑	空气清新度（1/h）
高档客房（四星级）	0.37
高档客房（三星级）	0.28
多功能厅（五星级）	2.00
多功能厅（四星级）	1.67
多功能厅（三星级）	1.33
一般商店	1.85
高档商店	1.39

表格来源：周义德，杨瑞梁，高龙，等 . 运用室内空气清新度确定封闭式车间空调系统最小新风量 [J]. 暖通空调，2008，38(2):50.

1.6 国内外研究概况

1.6.1 城市住区通风评价研究

建筑通风研究一直是建筑相关专业的研究热点之一，自然通风更是建筑师主导的使用技术之一。欧洲建筑委员会通过的自然通风设计方法归纳为 8 个方面，包括研究设计要求，计划气流通道，了解建筑物用途和可能需要特别注意的特征，决定通风要求，评估外部推动力，选择通风装置的类型，确定通风装置的大小，分析设计。国际能源署联合 15 个国家组成了规模较大的研究组织，专门研究多元通风系统的理论、实验和分析方法，以及控制方法和案例研究。探究在不同时间和不同季节以最佳的方法结合自然通风和机械通风的优势。近年来，100 多个不同的建筑和实验室内的单侧通风与贯流通风试验已在欧洲的多个国家进行。[31]

住宅在没有机械通风设备的情况下，要消除室内的余热、余湿、有害气体或气体污浊空气，应优先考虑通风。[32] 自然通风是借助于风压或热压的作用使空气流动，从而导致室内外空气得以交换。对于住宅通风效果的评价，各国学者提出了很多评价体系。[33] 目前国内外对于通风研究应用主要集中在自然通风的两个相关点上：一是空气品质，二是夏季或过渡季节的热舒适。新加坡国立大学的 N. H. Nyuk[34] 与丹麦技术大学的 J. Hummelgaard[35] 分别研究了住宅和办公建筑中自然通风与空调房间的室内空气品质。香港理工大学的 C. F. Gao 等 [36] 运用 CFD 对香港典型住宅单位进行模拟分析，用空气龄评价住宅不同的开孔位置对自然通风的性能影响，有助于规划师和建筑师在设计中更好地注重细节以便提高住宅的自然通风性能。比利时鲁汶大学的 A.Tablada 等[37]以巴西哈瓦那老城区为研究对象，研究在紧凑型城市环境中住宅建筑的自然通风和热舒适关系。湖南大学的 Jie Han 博士等[38]通过对湖南地区的城镇和农村住宅的调查研究，从热舒适方面对城镇住宅自然通风状况进行了评价。湖南大学的韩杰博士[39]对夏热冬冷地区的村镇自然通风住宅热环境与居民热舒适进行了调查分析，提出了我国夏热冬冷地区住宅在自然通风条件下的热舒适性方程。

针对住宅建筑的通风效果评价研究而言，城市住区室外环境的通风效果评价研究不多且缺少统一的规则和定量化的技术标准。这主要是由于住区的自然通风效果由外部和内部因素共同作用，而外部因素所包含的内容往往超出规划师和建筑师的设计能力范围。[7]因此在建筑领域，有必要对城市住区通风状况的评价方法进行研究，为城市住区宜居环境的规划设计以及国家和行业规范标准制定提供理论依据。

广东省建筑科学研究院承担的"十一五"国家科技支撑计划重大项目"城镇人居环境改善与保障关键技术研究"[40]课题中，在居住区风环境方面，通过舒适与危险风速的风洞试验测试和现场调研研究，在借鉴国外"Davenport 风舒适准则"基础上制定了居住区室外风环境的风舒适度评价。

我国绿色奥运建筑评估体系[41]对住区风环境提出了以下要求，包括：①在建筑物周围行人区 1.5m 处风速小于 5m/s。②冬季保证建筑物前后压差不大于 5Pa。③夏季保证 75% 以上的板式建筑前后保持 1.5Pa 左右压差，避免局部出现漩涡和死角，从而保证室内有效的自然通风。

在研究方法和手段上，计算机模拟分析的方法在建筑通风研究中的应用较为有效和广泛。T. J. Chung[42]的 Computational fluid dynamics（《计算流体力学》）一书中，对于计算流体力学的理论基础及实践应用进行了较为详细的介绍。村上周三[43]的《CFD 与建筑环境设计》一书中，总结了在建筑环境工学中 CFD 技术应用的理论基础和应用方法。美国麻省理工学院[44]运用 CFD 技术进行了室外风环境模拟研究。美国卡内基梅隆大学建筑性能研究中心[45]对建筑室内外进行了大量环境控制方面的模拟研究。加拿大国家研究委员会的 Appupillai Baskaran 等[46]运用 CFD 方法研究了建筑群体周边的风环境分布情况。同济大学建筑与城市规划学院的 Feng Yang 等[47]以上海高层住宅小区为研究对象，以城市形态和密度为指标运用 CFD 研究了夏季城市住区环境的通风潜力。山东建筑大学的付小平等[48]运用 CFD 对济南郊区的建大教授花园住宅小区的风环境进行模拟分析，预测了夏冬两季室外平均风速对小区内舒适度的影响。中国农业大学的 B. Hong 等[49]以北京朝阳区常春藤小镇住宅小区为研究对象，运用 SPOTE 模拟和现场试验，研究不同植被对住区室外风环境和行人舒适度的影响。

以上研究成果对本书的研究思路具有启发意义。

1.6.2 城市住区建筑布局与风环境研究

在现代城市住区规划中，对形式的关注超过了建筑布局与风环境的考虑，不恰当的建筑布局不利于空气的流动及废热气的排散，容易引起室外空间的通风不畅而影响夏季建筑室外空间的通风降温效果。同时也有可能导致"狭管效应"而不能有效阻挡场地内过大的气流，使风速超过人的活动并影响行人的舒适性要求，带来冬季能耗的相应增加。因此，建筑布局是影响住区建筑群风环境状况的一个主要因素。[50]

英国的 P. J. Littlefair 等 [51] 在 Environmental Site Layout Planning（《环境场地布置规划》）一书中，详细介绍了英国在场地规划、公共空间、建筑布局、建筑形式以及景观设计方面的节能设计方法。特别在研究建筑布局与能耗及微气候的关系方面，通过大量的研究分析了建筑日照、建筑通风和挡风等条件与建筑本身相关要素的关系，提出了关于利用建筑布局引导风的流动以达到降温并消散污染的目的来改善空气质量的观点。

英国的 Hugh Barton 等 [52] 关注于可持续发展住区的研究，在住区建筑布局设计中，分别就独立式、联排式和庭院式住宅的建筑形式特点，提出相应的布置方式，以期望能促进自然通风同时减少能源的耗费。

英国的 M.Rohinton Emmanuel[53] 在 An Urban Approach to Climate−sensitive Design: Strategies for the Tropics（《气候敏感设计的城市方法：热带地区的战略》）一书中，以热带地区气候敏感设计为例，提出通过城市设计改善气候及减少能耗的方法，并对如何利用建筑布局设计来降低城市热岛效应的影响，促进建筑周围微气候的改善，加强城市中风的流动与控制以及对城市空间环境的贡献等问题展开了深入的分析。

日本的 Tetsuk[54] 等建立了 22 个不同城市街区的阵列模型，通过对其进行风环境模拟，得出了建筑密度和住宅区的行人高度平均风速的关系。研究结果表明建筑密度和平均风速有很大的关系，街区内的建筑密度越高，平均风速越小。并由此提出了居住区建筑密度作为风环境设计的参考因素。

香港大学的 To AP 与 Lam KM[55] 用一系列相同尺度的建筑物构建了模型，并探讨了这些建筑物的排列布局方式对其风环境的影响。同时研究了垂直于建筑朝向以及平行于建筑朝向等不同方向的风向角对该模型的风环境影响差异，并着重观察了建筑之间的通道以及拐角处的风速情况，以分析相邻建筑之间的相互影响。

清华大学建筑学院的赵彬等[56]利用 PHOENICS 对北京市某住宅小区的规划方案进行了计算机模拟，提出了基于数值模拟方法的建筑群风环境优化设计思路，有效地对建筑群风环境与住区环境舒适性进行了研究和分析。同济大学建筑与城市规划学院陈飞博士[57]以上海高层和低层高密度住宅以及地下建筑为例，研究了夏热冬冷地区不同建筑类型与风环境之间的关系，并提出基于自然通风优化的单体建筑及群体建筑的规划设计策略。天津大学 Sumei Liu 等[58]运用 CFD 对重庆某居住区进行模拟分析，得出通过改变建筑间距可以提高住区自然通风潜力和室内空气质量以及降低能源消耗的研究结果。天津大学建筑学院的杜晓辉等[59]针对天津地区的高层住区风环境模拟分析，结合建筑规划设计提出改进高层住宅不利风环境的措施。深圳市建筑科学研究院的胡晓峰等[60]通过对建筑小区自然通风的 CFD 模拟，说明了评价室外风环境的方法，并提出应在规划设计前期引入风环境设计评价。马剑等[50]基于 CFD 模拟技术，改变起初呈两行三列布置的 6 幢高层建筑的各列横向间距，得到了 6 种不同布局形式的建筑群，对各建筑群周围人行高度处的风速比和风速矢量场进行了计算和分析，在此基础上对各种布局建筑群的风环境状况作了评价。

以上研究成果为本书提供了理论基础与研究框架。

1.6.3　城市住区环境评价研究

伴随着城市经济发展、人口增长、城市规划建设以及人们日益关注自身生活环境质量的大背景下，城市人居环境评价越来越受到重视。清华大学建筑学院王静博士[20]通过比较研究提出了我国两种住宅环境评估体系的局限，并选取了深圳、上海、天津 3 个城市新建住区加以应用并进行优化研究。天津大学建筑学院王朝红博士[3]通过对比分析国内外城市住区可持续发展的评价体系特点，对天津市城市住区的可持续发展加以评价应用，并制定了天津市城市住区可持续发展评分表。聂梅生教授等[1]介绍了绿色低碳住区评估体系、减碳量化评价以及评价技术指南，对住区规划与住区环境、能源与环境、室内环境质量、住区水环境、材料与资源、运行管理 6 个方面的评估内容做出了清晰阐述。重庆大学张智博士[4]在综合分析现有环境质量评价方法和居住区环境质量评价特点的基础上，建立了居住区环境质量评价模式，提出了居住区环境质量评价标准、分级标准及其检测方法。

研究方法上，清华大学建筑学院田蕾博士[61]以"基础理论—实际案例—理想模型—实证研究"为框架，对相关的近 30 种建筑环境的评价体系和方法进行了广泛深入的调研分析，并在此基础上搭建了"建筑环境性能综合评价体系"的理想模型，对于住宅环境评估体系的探索以及建立城市住区环境评估方法进行了初步尝试。东京大学的 Mahmoud Bady 等[62]用室内通风效率指标评价了城市地区的空气质量，指出通风效率能够描述污染物区域。天津大学建筑学院苏晓明博士[63]、刘鸣博士[64]、姚鑫博士[5]运用实地测量法、实验室模拟法、数理统计法等研究方法，对城市夜间光污染进行了评价分析，并初步提出了光污染评价、检测技术指标和评价程序，为建立一个较为完备的光污染防治、监测和检测体系进行了积极探讨，完善了符合我国居住模式的居住区光污染的定量化评价方法，丰富了现有的居住区环境质量。除了规划建筑专业的学者对城市住区环境质量评价进行了研究外，还有很多相关专业的学者[65-70]从多个视角进行了拓展研究。他们从不同视角提取了城市和不同功能区宜居性的因素因子，并建立相应的评价指标模型，结合数学方法和综合比较法等其他途径，提升了城市住区宜居性评价的科学性和内涵。

以上研究成果对于本书在方法论上具有启发意义。

1.6.4　空气负离子与城市环境研究

德国科学家 Elster 和 Geital 于 1889 年首次发现空气负离子的存在，1902 年 Aschkinass 和 Caspari 等肯定了空气负离子存在的生物学意义，1931 年一位德国医生发现了空气负离子对人体的影响，1932 年美国 CRA 公司的汉姆逊发明了世界上第一台医用空气负离子发生器，此后空气负离子的科研在一些发达国家普及，经历了 20 世纪 30、50 和 70 年代共三次浪潮。近十年来，研究领域涉及空气离子对生物机体的生物学效应、应激反应、情感精神、听力、免疫和环境空气离子测量等。[24]如赫尔辛基大学的 Marko Vana[71]对爱尔兰西海岸自然环境中的空气离子进行了研究，昆士兰科技大学的 E. R. Jayaratne 等[72]和 Xuan Ling 等[73]对澳大利亚的主要城市环境进行了空气离子浓度的测定；台湾大学的 Chih Cheng Wu 等[74]对空气负离子与室内空气环境进行了研究。

我国对空气负离子的研究起步较晚。20 世纪 50 年代有关文献中记载了空气负离子的内容——在解放区战地医院曾采用空气雾疗法。而后自 1978 年由伊朗的沙哈瓦特博士引进一台电子仪器——生物滤器 (biological filter)，即我国负离子发生器的前身，这些仪器的问世奠定了我国空气负离子研究的物质基础。[75]此后，从夏廉博[28]关于大气负离子对人体生物学效应的研究开始，经历了 20 世纪 80 年代初和 90 年代初两个负离子的研究发展高潮，[26]取得了许多研究成果。

近年来，旅游规划、林业规划、生态学、环境科学等方面的专家学者对空气负离子与环境的研究较为关注，多篇博士论文[75-80]开展了空气负离子与城市森林、公园、绿地等功能区域的研究，表明空气清洁度受到空气负离子浓度显著影响。除了这些研究领域，还应拓展其在城市规划和建筑设计中的应用研究，以更直接地服务于社会大众，提高城市住区环境和人居环境，将具有更大的现实意义。

1. 不同环境状况下空气负离子的空间分布特征

大气离子是由许多自然和人为的原因产生，并且它们的浓度在不同环境场所下差别很大，[73] 随天气、土壤条件、时间、地点和高度的不同表现出很大差异。作者监测研究表明，地面上的空气负离子浓度随着地理环境因素（瀑布、海边、峡谷、乡村田野、郊区旷野、城镇等）不同差别很大。但不因地域变异，只要具有相似的地理环境因素，都呈现出规律性的分布。[17] 瀑布和海滨的空气负离子数经常保持在 1 万 ion/cm³ 以上，峡谷和溪流通常在 1000ion/cm³ 以上，郊区、乡村和有林地区在 2000ion/cm³ 以上，其中以瀑布口的空气负离子含量最高，最高时近4 万 ion/cm³。

而对于城市环境，由于汽车多，人流、飘尘、烟尘较多，树木和绿地又明显少于郊区和乡村，同时市区内的路面以水泥和沥青路面为主，阻隔了来自土壤的电离源，[81] 使得空气负离子浓度远远小于郊区和乡村。通常，城市街道上的负离子数在 100~200ion/cm³，寿命可达 20min；而大城市普通住宅房间内空气负离子数仅有 40~50ion/cm³，其寿命也只有几秒钟到几分钟。

E.R. Jayaratne 等 [72] 通过对澳大利亚一个高人口密度的市区调查研究，得出城市环境中的空气小离子浓度在 400ion/cm³ 左右，同时郊区的空气小离子浓度要高于工业区。Xuan Ling 等 [73] 对澳大利亚的主要城市和周边 32 个不同的户外区域进行了空气离子浓度的测定，其中包括公园、林地、城市中心、住宅以及变电站等不同功能区域。实验结果表明，公园的负离子中位数浓度为 219ion/cm³，郊区树林为 424ion/cm³，城市中心为 251ion/cm³，住宅区为 361ion/cm³，高速公路为 589ion/cm³，变电站为 1016ion/cm³。邵海荣等 [81] 对北京地区的研究结果显示，北京地区空气正、负离子平均浓度均以市中心最低，空气负离子浓度约为 100~200ion/cm³，四环路以内的市区，空气负离子浓度约为 300~400ion/cm³，近郊区县空气负离子浓度约为 600~1000ion/cm³，远郊区县空气负离子浓度约为 1200~1500ion/cm³。王薇等 [17] 对南方沿海城市环境的空气负离子浓度监测得知，郊区为 1533ion/cm³，城镇中心为 413ion/cm³，城镇宾馆内为 465ion/cm³。史琰等 [82] 对西湖山林与市区空气负离子浓度进行监测比较分析，发现西湖山林空气负离子浓度为 971ion/cm³，明显高于市区 284ion/cm³。张乾隆 [83] 对西安市 4 个典型功能区空气负离子浓度进行实地监测，园林景观区夏季平均值最高，空气负离子浓度 553ion/cm³，文教区、交通区和工厂区全年负离子平均值依次为 222ion/cm³、196ion/cm³、177ion/cm³。韦朝领等[84]对合肥市不同生态功能区空气负离子浓度进行了实地监测，4个功能区的年平均值从大到小的顺序依次是：公园游览区 > 生活居住区 > 商业交通繁华区 > 工业区，分别为819ion/cm³、340ion/cm³、149ion/cm³和126ion/cm³。这些研究表明空气负离子浓度由城市中心—郊区—乡村呈逐渐增大的趋势，同时空气负离子浓度增大的速度大于空气正离子。在森林和植物绿化较为丰富的地方，空气负离子浓度则较高。

2. 空气负离子的时间分布特征

有关研究表明一天中空气负离子浓度变化较为明显，白天大于夜间，但不同学者的研究结果不同。邵海荣等[81]对北京地区的研究表明一天中最大值大约出现在9—11时，次大值大约出现在4—5时，次小值大约出现在6—7时，最小值大约出现在23时前后。吴明作等[85]的研究表明郑州市公园绿地的空气负离子浓度在一天中的高峰值出现在8—9时和17—18时，低峰值出现在14—15时。韦朝领等[84]对合肥市不同生态功能区的空气负离子浓度进行研究分析，研究显示公园游览区和生活居住区的空气负离子日变化呈单峰形式，工业区呈双峰形式，而商业交通繁华区则比较复杂；同时极值出现的时间也有差异。倪军等[15]对上海徐汇区典型下垫面的空气负离子浓度日变化的研究表明，峰值出现在3—4时和15—16时。罗丰等[86]对广州下半年空气负离子的研究表明，一天之内负离子浓度变化规律为早晚较高，中间较低，最大值在19—20时。

一年四季的空气负离子的变化也存在明显差异，空气负离子浓度年变化的研究需要更大量的数据，但这方面系统的数据就比较缺乏。部分学者[81,84,86]的研究表明，城市中一年的空气负离子浓度夏季最高，冬季最低，春、秋季次之，且春季大于秋季。韦朝领等[84]研究显示合肥市四个功能区空气负离子浓度年变化趋势基本一致，夏季最高，冬季最低。史琰等[82]研究显示，杭州市区夏季和秋季高于春季，分别为260ion/cm³和235ion/cm³。

3. 空气负离子与相关环境因子的关系

城市室内外环境研究已经成为国内外住区规划设计、景观设计、建筑节能等领域需要重点关注的问题之一。从住区规划设计分析，住区环境的影响因素可分为可控因素和不可控因素，其中可控因素主要为住区人口、住区下垫面结构、建筑布局形式、建筑材料等方面，不可控因素主要为风速、季节变换、大气状况等方面，这些因素都与空气负离子有密切关系。

（1）空气负离子与风的关系

多数学者认为风与空气负离子的关系密切，有风时空气负离子浓度高于无风时。Marko Vana等[71]爱尔兰西海岸空气离子的研究结果表明，空气中小离子浓度与风速和风向有显著关系。王薇等[17]提出风速的增大有利于空气负离子浓度的增加，特别是在海滨地区，阵风能够使空气负离子浓度剧增。吴明作等[85]认为风速与负离子的相关系数变化不一致，说明风速对空气离子的影响机制比较复杂。吴志湘等[87]通过实验，认为较大的风速（10m/s）使空气摩擦，继而产生负离子从而增加负离子浓度，而在较低风速（3m/s）时则不会产生。成霞[88]利用计算机模拟了混合通风、地板送风及置换通风，三种主要通风方式下，室内负离子浓度的分布和变化。作者在室内模拟实验中，研究了建筑室内空气负离子在不同风速下的扩散和传送，发现无风（0m/s）时不存空气负离子，当开启空调和风扇等空气流动装置，在一定范围内对于空气负离子的传播有帮助，而超过一定范围的风速，传播能力有所下降。由此判断空气负离子浓度与风存在关联。

（2）空气负离子与温湿度的关系

空气负离子浓度与温湿度有显著关系，其内在规律的结果却不统一。德国学者Reiter[89]认为空气负离子浓度与相对湿度呈负相关。Chih Cheng Wu等[74]探讨在不同的相对湿度下，室内空气负离子的浓度梯度。邵海荣等[25]认为，空气负离子浓度与土壤、空气温度呈正相关，与相对湿度呈负相关。吴楚材等[90]和吴明作等[85]认为空气负离子浓度与温度呈极显著的负相关，与空气相对湿度呈显著的正相关。韦朝领等[84]对合肥市不同生态功能区的空气负离子浓度进行研究分析，实地观测了商业区、工业区、居住区和公园区，提出影响合肥市空气负离子浓度的最主要气象因子是空气相对湿度，其次是光照强度，影响最小的是气温。同时空气负离子浓度与空气相对湿度呈指数递增关系。王薇等[17]研究也表明空气负离子浓度与相对湿度呈正相关，与气温变化关系不明确。王继梅等[91]在某地郊区的研究表明，温度区间在5~40℃时，负离子浓度与温度呈正相关，与湿度也呈正相关，负离子浓度变化率增大。潘剑彬[76]在北京奥林匹克公园的研究中也发现负离子浓度与温度和湿度呈正相关，徐猛等[92]和蒋翠花等[93]也得到了类似的结论。

（3）空气负离子浓度与天气状况的关系

天气状况对空气负离子浓度有显著影响。大多数研究学者认为晴天无尘时负离子浓度明显增大，[24]但雨后天晴时空气负离子比干燥晴天时还要高，尤其雷雨过后空气中负离子浓度明显增高。这是因为雷电的冲击带来大量的负离子，降雨的同时会增加负离子密度，降低正离子密度。徐猛等[92]在广州的研究中提出各种天气情况下空气负离子浓度水平依次为：雨 > 晴 > 阴。郭圣茂等[94]在南昌的研究则认为，浓度水平依次为：雪 > 雨 > 阴 > 晴。

同时在阴霾有雾的天气，小离子浓度会大大减少，大离子浓度会增加。因此，雾越大，空气负离子浓度越低，二者呈负相关关系。[94]段炳奇[95]提出有雾天气海滨空气正负离子浓度降低，雾浓度越高。这是由于雾的凝结核作用强，周围小离子以雾核为中心聚集成大离子或消失，尤其空气负离子减少更多。因此空气负离子浓度与雾浓度呈反比关系。

此外，光合作用也同样能产生一定数量的负离子，进而增加空气负离子浓度。[96,97] Wang J 等 [98] 和 Zhang J 等 [99] 通过实验确定增加太阳辐射中的紫外线能够增加负离子浓度。邵海荣等 [25] 认为白天空气负离子浓度比夜间高，一定程度上是由于太阳辐射的影响。

（4）空气负离子浓度与水体的关系

王薇等 [17] 对南方沿海城市环境的空气负离子浓度监测得知，瀑布的空气负离子浓度平均值达到 26500ion/cm³，溪流处平均值达到 2407ion/cm³。研究表明动态水的空气负离子浓度大于静态水，而动态水中，急流比缓流大，其中以瀑布最大；静态水中，大面积水域比小面积水域的空气负离子浓度高。这是由于动态水在高速运动时水滴会破碎，水滴破碎后会失去电子而成为正离子，而周围空气捕获电子而成为负离子。[100] 此外，水的喷溅等作用带走了空气中的灰尘，对空气起到清洁作用，在清洁空气中空气负离子不断积累，从而使空气中的负离子浓度增加，这就是 Lenard 效应，又称喷筒电效应或瀑布效应。王薇等 [17] 还指出水作为载体能提高周边空气负离子浓度，由于含水率的不同，负离子含量也出现比较明显的变化，含水率越高，负离子浓度越高。在峡谷的测试中，沙石由于含水率的不同，负离子含量也出现比较明显的变化，含水率越高，负离子浓度越高。道路上干燥的沙石负离子浓度约为 18ion/cm³，峡谷底部较潮湿的沙石负离子浓度可达到 133ion/cm³，而水中的沙石则高达到 333ion/cm³。在旷野测试中，越靠近河岸的泥土，负离子浓度越高，最高达到 233ion/cm³，反之则较小，约为 80ion/cm³。邵海荣等 [16] 根据北京地区 3 年的空气负离子浓度时空变化的实测资料，提出溪流和瀑布等动态水在净化周围地区空气上有显著作用。吴楚材等 [90] 还指出水域面积的大小与空气负离子浓度呈正相关，随着离水体的距离越近，周边的空气负离子浓度越高。

（5）空气负离子浓度与绿化植物的关系

在城市绿地系统中，生物多样性和森林覆盖率越高，空气负离子浓度越高。[101] 关于树种对空气负离子的影响，不同研究学者得出的结论各不相同。吴楚材等 [90] 发现针叶林负离子浓度高于阔叶林，并认为主要原因是针叶树树叶呈针状，曲率半径较小，具有"尖端放电"功能，使空气发生电离，从而提高空气中的负离子水平。邵海荣等 [81] 在北京地区的研究表明，针叶林的空气负离子年平均浓度高于阔叶林，但是春夏阔叶林的浓度比针叶林高，秋冬季则针叶林高于阔叶林。王洪俊 [102] 发现，相似层次结构的针叶树人工林和阔叶树人工林的平均空气负离子浓度并无显著差异，只是负离子浓度高峰的出现时间不同。刘凯昌等[103]对不同林分空气负离子浓度进行测定发现，阔叶林＞针叶林＞经济林＞草地＞居民区。所以，关于针叶树和阔叶树对空气负离子的影响，目前还没有一致的结论，这可能与测试季节、林分年龄、林分长势、林分结构等因素不同有关。[101]

不同的森林层次结构负离子浓度不同。[101]复层结构植物配置群落产生的空气负离子多于单层结构植物群落，同时城市植物配置时还应尽可能集中片状配置，而零星分散配置则会降低其群体的生态效益。[104,105]同一树种的纯林，仅有乔木层的林分比有下木和地被物的林分负离子浓度低，乔灌草复层结构显著高于灌草结构和草坪。在双层绿化结构中，负离子浓度为乔灌结合型较高，乔草结合型次之，灌草结合型较低，在单层绿化结构中，负离子浓度以单层乔木较高，单层灌木次之，单层草被较低。[106]吴志萍等[107]针对6个城市环境的研究，提出不同类型绿地空气负离子浓度存在显著差异，空气负离子浓度水平依次为：阔叶乔木＞乔灌木＞阔叶乔木＞篱草＞针叶乔木＞草坪。李继育[96]针对陕西省千阳县和黄陵县的研究，提出空气负离子浓度水平为：乔灌木结构＞乔木结构＞灌木结构＞草地。因此，绿化植物对空气负离子的影响表现在植物群落的种类、结构及绿量格局等多种因素方面。

（6）空气负离子浓度与建筑材料的关系

建筑材料对空气负离子浓度有影响。吴楚材等[90]的测试结果显示不同材料建成的森林小屋内空气负离子浓度存在差异：森林小竹屋的空气负离子含量高于森林小木屋，而小木屋高于石质小屋，小竹屋的空气质量最为清新。胡卫华[108]的研究也证明了竹林植物精气含量高、空气负离子浓度高的特点。这些研究结果表明合理利用和开发负离子含量较高的环保型建筑材料对于提高空气清新度具有启示作用。

（7）空气负离子浓度与建筑高度的关系

大气中离子浓度的分布是很不均匀的，随着天气、土壤条件、时间、地点和高度的不同而有很大的差别。正离子浓度在近地层处常常随高度增加而增大，负离子浓度则随着高度增加而减少。[109]王薇等[19]研究成果显示空气负离子浓度随着不同居住模式而呈现不同变化。其中低层高密度居住区的空气负离子含量最高，达到289ion/cm^3，从高到低的排序为：低层高密度居住区＞多层高密度居住区＞高层高密度居住区。

（8）空气负离子浓度与人员活动的关系

徐业林等[110]通过对5个城市环境的研究提出空气负离子浓度水平依次为：室外＞室内＞公共场所。戈鹤山等[111]通过对候车厅的研究，也认为人员密集的场所空气负离子浓度往往较低，得到类似结论的还有韦朝领等[84]和孙雅琴等[112]。

4. 空气负离子浓度与环境污染的关系

根据有关学者研究结果，空气负离子与环境污染程度呈负相关，环境污染重的地区空气负离子浓度低。[112-116] 二氧化碳、空气中的悬浮物、氮氧化合物、二氧化硫浓度均与空气负离子浓度呈明显的负相关。[112] Xuan Ling 等[113] 对澳大利亚布里斯班市区的研究表明，以机动车辆为主的地区，空气负离子浓度与颗粒污染物成负相关，在清洁地区则不存在负相关，结论对于研究机动车污染区域和清洁区域的环境空气负离子浓度变化特征具有重要意义。邵海荣等[81] 的研究表明北京地区空气负离子浓度由市中心向近郊、远郊逐渐增大。近郊比市中心多 2 倍多，远郊区则在 4 倍以上。说明人为活动和环境污染降低了空气负离子浓度。吴志萍等[107] 提出了空气负离子与颗粒物的相关关系不显著，但是与 PM2.5 的关系最大，其对细颗粒物的中和能力较强。并建议通过合理布局绿地结构以增加负离子水平，从而净化空气，减少可吸入颗粒物和细颗粒物对人体的危害。林兆丰[117] 通过对江西省抚州市资溪县全年的观测结果发现，当环境中污染物扩散加剧时，污染物在扩散过程中会吸附大量的空气负离子，从而导致空气负离子浓度的降低。陈佳瀛[79] 在植物园林地上测定空气负离子结果表明，空气负离子浓度与 PM10 存在显著的线性负相关关系，并且空气负离子随着温度和可吸入颗粒物浓度的升高会降低。张福金[118] 研究表明，空气中总悬浮物、一氧化碳、二氧化碳硫、氮氧化物与空气负离子呈明显负相关，环境污染重则负离子浓度低。

空气负离子能够降低空气中颗粒物的浓度，有净化室内环境的作用。人工条件下产生的空气负离子已被广泛用于改善室内空气质量。[119] 农钢等[120] 进行的室内香烟烟雾的实验表明，室内环境中的烟雾会大大降低负离子浓度。

空气负离子与污染物的研究不属于本书的研究内容，但对于城市人居环境质量评价具有一定的研究意义。

1.7 本章小结

本章从中国城市化进程中的城市住区环境发展和城市住区通风评价的重要性以及逐渐恶化的城市环境现状等方面介绍本书的研究背景，由此提出了通风是保障城市人居环境的关键因素。面对城市住区通风评价标准的不完善和污染物评价指标的局限性，作者提出了引入空气负离子这个重要参数，并由此开展基于空气负离子浓度评价城市住区通风的适应性研究。同时阐述了本书的研究内容和技术路线。最后对国内外城市住区通风评价研究、城市住区建筑布局与风环境研究、城市住区环境评价研究以及空气负离子与城市绿地环境研究的现状进行了简要综述。

2　研究对象与实验方法

2.1　研究对象概况

2.1.1　空气负离子的来源

空气是一种混合物，主要由78%的氮气（N_2）、21%的氧气（O_2）、0.94%的稀有气体，0.03%的二氧化碳（CO_2），0.03%的其他气体以及杂质气体共同组成。[27,28] 正常状态下，空气中的气体分子不带电（显电中性），但是在高温受热、射线风暴、瀑布、海浪冲击摩擦[87] 或强电场等电离剂的作用下，这些空气中的中性气体分子就会失去一部分原来围绕自身原子核的电子，剩下带正电的空气正离子，这就是所谓的空气电离。[27] 大气离子的浓度在不同环境场所下差别很大，[73] 其中游离的带负电的自由电子又将与其他中性分子或原子团结合，形成带负电的气体分子，这就是所谓的"空气负离子"。[121] 空气中不同的气体捕获自由电子的能力大不相同，其中 O_2 和 CO_2 的捕获能力最强，而 O_2 占空气的21%，CO_2 只占0.03%，同时 O_2 比 CO_2 等分子更具有亲电性，因此 O_2 优先获得电子而形成负离子，所以空气负离子主要由负氧离子组成，常常又被称为"负氧离子"。[24] 根据大地测量学和地理物理学国际联盟大气联合委员会采用的理论，空气负离子的分子式是 $O_2-(H_2O)n$，或 $OH-(H_2O)n$，或 $CO_4-(H_2O)_2$。[26]

由此得知，空气负离子形成的关键点为各种外加能量必须大于空气的电离能，或者大于水分子的电离能 1.25eV。[87] 在一般情况下，空气负离子的寿命很短，约为 100s，[72] 少则几秒，多则数分钟。[26] 它们在自然界中总是不断地产生又不断地消失，然而由于空气的摩擦，加上温度和湿度以及其他环境要素的变化等原因，使得空气负离子保持着动态平衡状态。

在建筑物与其外部环境研究中，空气的摩擦是最常见的。通常，城市街道上的负离子数在 $100\sim200\text{ion/cm}^3$，寿命可达 20min；而大城市普通住宅房间内空气负离子数仅有 $40\sim50\text{ion/cm}^3$，其寿命也只有几秒钟到几分钟。在人口众多、工厂密集的城市和工矿地区，空气负离子的浓度很低，寿命更短，仅有几秒钟。而在森林、海滨和瀑布周围，由于不同物质的摩擦，空气负离子的寿命会稍长一些，甚至可以达到 20min 左右，其中以瀑布口的空气负离子含量最高，最高时近 4 万 ion/cm^3。总而言之，空气负离子在空气的摩擦中不断地激发产生，又伴随着其他环境因素的影响而不断中和，并在一定范围或者某一特定区域内保持动态平衡。[87]

2.1.2 空气负离子的产生机理

一般来说，空气负离子产生于自然条件或人工条件下。

1. 自然条件下空气负离子的产生机理

（1）电离作用

大气分子受宇宙射线、阳光紫外线以及岩石土壤中的放射性元素不断放出的射线激发而发生电离，被释放出的电子经过地球吸收后再释放出来，很快附着在某些气体分子或原子上（特别容易附着在氧或水分子上），成为空气负离子。[122]

太阳紫外线能直接使空气离子化，但由于紫外线在穿过臭氧层时，大部分已被臭氧吸收，故它对 30km 以上的高层大气的电离作用较大，而对低层大气的电离作用较小，因此大气中的放射性物质是近地层大气的主要电离源。[26]

（2）Lenard 效应

Lenard 效应，又称喷筒电效应或瀑布效应，[28] 是指水滴在空气中运动能量的消耗伴随着电荷的分离，由诺贝尔奖获得者德国物理学家 Philipp von Lenard 在 1894 年发现。水滴通过外加剪切力剥离大水滴形成水雾，即细小的水滴，水雾从水滴表面脱离时带上负电荷。水滴破碎后较大液滴带正电荷，在撞击过程中被空气带走的小水雾液滴带负电荷，从而形成负离子。[122] 加之水的喷溅等作用带走了空气中的灰尘，对空气起到清洁作用，在清洁的空气环境中空气负离子不断积累，从而使空气中的负离子浓度增加。研究表明，自然界瀑布口的 Lenard 效应强烈，周边空气负离子浓度较高。

（3）植物的尖端放电和光电效应

由于某些森林树木和叶枝植物的叶呈针状等，曲率半径较小，因此具有尖端放电的功能，同时绿色植物通过光合作用形成的光电效应，使空气电离而产生负离子，增加了空气负离子的浓度。[26]

森林植物的"尖端放电"和"光电效应"以及释放出的芳香挥发性物质都能使空气发生电离现象，并且森林环境中的植被覆盖度较高，绿量高，大量吸收了空气中的灰尘，因而其周边空气负离子的浓度显著增加，寿命变长。据研究表明，森林环境中的空气负离子浓度比城市室内可高出 80~1600 倍，平均浓度达 $1000\sim3000\text{ion/cm}^3$。[26]

（4）其他

大气环境中的闪电、雷暴、雪暴、风暴、火山爆发以及其他形式的放电现象，[26] 雨水的分解、电气石以及一些无机氧化物复合粉体、稀土复合盐等，[122] 都能在空气中诱发负离子，从而增加空气负离子的浓度。

2. 人工条件下空气负离子的产生机理

（1）电晕放电

电晕放电是将充分高的电压施加于一对电极上，其中高压负电极连接在一根极细的针状导线或具有很小曲率的其他导体上。在放电极附近的强电场区域内，气体中原有的少量自由电子被加速到某一很高的速度，足以碰撞气体分子，并电离出新的自由电子和正离子，新的自由电子又被加速产生进一步的碰撞电离。这个过程在极短的瞬间重复了很多次，于是形成了"电子雪崩"的积累过程，在放电极附近的电晕区内产生大量的自由电子和正离子，其中正离子被加速引向负极，释放电荷。而在电晕外区，则形成大量的空气负离子。近年来，随着空气负离子发生技术的不断进步，出现了以导电纤维和加热式电晕作为电极的空气负离子发生技术。[26]

（2）水发生

利用动力设备和高压喷头将水从容器中雾化喷出，雾化后的水滴以气溶胶形式带负电而成为空气负离子。产生空气负离子的浓度取决于水的雾化状况，一般可达 $10^4 \sim 10^5 ion/cm^3$。

（3）放射发生

利用放射性物质或紫外线电离空气产生空气负离子，其特点是设备简单，产生空气负离子浓度较高。[123]

综上所述，人工条件下产生空气负离子的方法仍有一些缺陷，如电晕放电在产生负离子的同时会造成大量的臭氧；水发生型在产生空气负离子时，具有不产生有害气体的优点，但设备结构较为复杂，成本较高，环境湿度大，对环境舒适度有一定影响；放射发生负离子需要有特殊的防辐射措施，使用不当会对人体产生极大的危害，因此，在一般情况下不宜使用。[124]

无论是哪种机理，空气负离子都是一个化学反应的过程，即在空气和其他特定环境中存在能发射负离子条件的地方就会使大气中（O_2、N_2、CO_2、SO_2、H_2O）的电子 e 释放出来，它与 CO_2 和 H_2O 反应如下：[75]

$$H_2O+e \rightleftharpoons O_2(H_2O)$$

$$CO_2+e \rightleftharpoons CO_4(H_2O)$$

$$CO_4+(H_2O)+H_2 \rightleftharpoons O_2(H_2O)+CO_2$$

2.1.3　空气负离子的作用和价值

空气中的负离子会使人体血液中含氧量增加，有利于血氧输送、吸收和利用，具有促进人体新陈代谢，提高人体免疫能力，增强人体机能，调节机体功能平衡的作用,因而被誉为"空气维生素和生长素"。[15]空气负离子如同食物中的维生素一样,人和动物虽然需要不多,但长期缺乏,必然会影响机体的正常生理活动,以致引起身体疾病,见表2–1和表2–2。

空气负离子对人体的生理作用 表2-1

神经系统方面	空气负离子能够调节中枢神经系统,使人精神振奋、加强脑力活动、提高工作效率以及改善睡眠[110]
心血管系统方面	空气负离子能够促进高血压、冠心病和高脂血症等疾病的康复,并且还能改善人体心肺功能和心肌营养不良状态,[85]增加心肌营养
呼吸系统方面	空气负离子能够促进黏膜上纤毛运动,增加腺体分泌,提高平滑肌兴奋性,使气管壁血管舒缩正常化。在医学的临床观察发现,当人体吸入一定浓度的空气负离子后,增加了细胞内供氧,改善了肺换气和肺通气功能,[125]对呼吸道、支气管疾病、慢性鼻炎和鼻窦炎等具有辅助治疗作用,并且无任何副作用。同时具有降尘、抑菌、除菌和除臭等净化空气的功能
物质代谢方面	空气负离子能够促进人体的生长发育,同时有利于人体内的碳水化合物、蛋白质、脂肪、水和电解质代谢[126]
血液系统方面	空气负离子具有增加血液中白蛋白,降低球蛋白,增加血红细胞和红细胞数。并且降低血液黏稠度,防止血液发生聚集堵塞血管。可改善血脂,畅通血管和防治心脑血管病[126]
免疫系统方面	空气负离子能够提高机体的细胞免疫力和体液免疫力,增加血中抗体和补体、Υ–球蛋白,提高淋巴细胞增殖能力,增强淋巴细胞的存活能力。同时还能消除疲劳和恢复体力[26]

空气负离子的生理效应 表2-2

观测项目	负离子效应	观测项目	负离子效应
脉搏	减慢	血清碘酸	增加
呼吸	减慢	血沉	减慢
血压	下降	凝血时间	趋向正常
毛细血管	扩张	残余氮	减少
胃肠功能	提高	凝血酶	增加
基础代谢率	提高	血中 pH 值	趋向升高
心脏功能	改善	血清磷	趋向降低
支气管	放松	血小板	增加
红细胞	增加	血糖	趋向正常
白细胞	趋向正常	血钙	增加

表格来源:杨尚英.岭北坡森林公园空气负离子资源研究 [J].资源开发与市场,2005,21(5):458.

近年来医学界的大量试验研究表明：当空气负离子浓度达到 700ion/cm^3 以上时有益于人体健康，浓度达到 1 万 ion/cm^3 以上时能治病，当负离子浓度大于或等于正离子浓度时，才能感到舒适，并对多种疾病有辅助医疗作用。[14] 不同环境中负离子与人体健康功效关系见表 2–3。

不同环境中负离子与人体健康功效关系　　　　　　表 2-3

区域	负离子浓度（ion/cm^3）	与人生理健康关系程度
森林、瀑布区	100000~500000	具有自然痊愈力
高山、海边	5000~100000	杀菌作用
郊外、田野	5000~50000	增强人体免疫力及抗细菌力
都市公园	1000~2000	维持健康基本需求
街道绿化区	100~200	诱发生理障碍边缘
都市住宅封闭区	40~50	诱发生理障碍（诸如头痛、失眠等）
室内冷暖空调房间	0~25	引发空调病症状

来源：闫秀婧.青岛市森林与湿地负离子水平时空分布研究 [D]. 北京：北京林业大学,2009：3.

室内环境由于空气负离子浓度低，长期在空调建筑环境内工作的人经常会有头痛、恶心、眩晕、昏睡的感觉，无法享受到大自然高负离子含量的清新空气。美国一项调查表明，人们平均每天在室内度过的时间为总时间的 88%，在汽车内度过的时间为 7%，只有 5% 的时间是在室外度过的。[14] 目前，越来越多的人在封闭的空调环境下工作。研究表明，长期在空调环境中工作，眼、脑、手反应相对迟钝，会使人们的神经系统受到一定程度的损害，易发生"空调综合征"，不益于人体的健康。[127]

南非一家银行数据处理室的 91 名女职工，每天处理大约 2 亿英镑的支票，2 年的统计表明，她们的工作出错率一直在 2.5% 左右，工作人员经常抱怨空气"沉闷"。但安装了空气负离子发生器 6 周后，出错率下降 0.5%，职员的情绪也有很大提高。[14] 由此可见空气负离子发生器可以刺激人们的兴奋点，从而提高工作积极性和工作效率。

2.1.4　空气负离子的开发利用

1. 森林浴

"森林浴"一词最早来源于德国的巴特·威利斯赫恩，这个小镇自然环境优美，森林密布，空气清新，非常适合慢性病患者疗养和康复。医生让疗养者在森林场地内活动，森林内设水槽，将运动和水浴结合起来，以增进身体健康、恢复精神和消除疲劳。[75] 人们把这种森林游憩和水浴结合起来的方法形象地称为森林浴。而现在的森林浴是指人们在林下娱乐、散步、休息、浸浴在森林新鲜空气中养生的一种活动，某些植物散发出的挥发性物质，具有刺激大脑皮层、消除神经紧张等诸多益处。尤其森林中含量极高的、对人体健康有益的负离子。

2. 森林医院

森林医院一般建在富含空气负离子的区段，把森林空气负离子同医疗科学结合起来，辅以必要的服务和设施，让患者呼吸新鲜空气，达到强身治病的功效。它最早是出现在德国和日本等国家。德国许多地方设有专门的森林浴疗养所，有 40% 的人每月都要去林区游憩一次。我国大部分城市也利用自身资源规划建设具有森林特色、负离子和植源性保健气体丰富的森林理疗保健基地。

3. 负离子吸收区

负离子吸收区是专门开辟的用于人们吸收森林空气负离子的区域，不仅应用自然森林的空气负离子，同时辅以人工设施产生空气负离子，针对病人具有辅助治疗的作用，同时健康人可以保健，获得舒服的人体感受。太白山国家森林公园采用加压喷头喷水，使游泳池内矿泉水雾化，提高空气负离子浓度。

4. 生态旅游

负离子作为森林旅游环境质量评价的一项重要指标，不仅是一种无形的森林资源，同时也是一种客观存在的生态环境资源。[26] 许多森林旅游单位将负离子浓度高的地区作为重要的旅游景点，积极开发规划"负离子区"，提出"健康游、生态游"的旅游产品定位理念。

2.2　实验设备

2.2.1　空气负离子测试仪

空气负离子浓度以 $1cm^3$ 空气中含有的空气离子数量来表示，单位为"ion/cm^3"。目前大多数研究者采用的空气负离子测试仪主要有日本的 KEC 系列（日本キョウリツエレクトロニクス株式会社生产）负氧离子测试仪、日本精密负离子测量仪 COM-3200PRO、美国的 AIC 系列（Alphalab 实验室生产）负离子检测仪以及国产的 DLY 系列（中国福建省漳州连腾电子有限公司生产）大气离子测量仪、FTP 系列（中南林业大学研制）等等。其测定原理大多是电容式空气离子收集器收集空气离子携带的电荷，测量这些电荷形成的电流和取样空气流量，再换算出离子浓度。[128]

由于空气负离子又被称为空气负氧离子^①，因此目前国际上把空气负离子测试仪也统称为空气负氧离子测试仪。E.R. Jayaratne[72]，Xuan Ling[73]，Xuan Ling[113] 在研究实验中均采用美国 Alphalab 实验室生产的负离子检测仪进行空气离子的监测研究，美国 Alphalab 实验室生产负离子测试仪于 20 世纪 90 年代问世，知名度较高，但仪器一直未能更新完善，不能外接电源或使用蓄电池，只能用 9V 电池，不便于户外连续操作。日本キョウリッツエレクトロニクス株式会社制造的 KEC 系列于 2001 年研发问世，产品性能较为优越且能外接电源或使用蓄电池，能满足户外连续长时间操作。日本 COM-3200PRO 精密负离子测量仪配备专用的电脑分析软件，可实时记录分析负离子数量、温度、湿度、时间等数据，选配 GPRS 传输模块可远程传输数据。因此本书中实验工具采用日本 KEC-990 型负氧离子测试仪和 COM-3200PRO 精密负离子测量仪为主，美国 Alphalab 实验室生产的 ALC 型空气离子测试仪为辅（图 2-1），其中 KEC-990 型用于实测中的在线实时记录数据，美国 ALC 型用于手持记录作为对比参考。日本 KEC-990 型有效离子浓度监测范围 $10\sim19900000ion/cm^3$，最高分辨率 $10ion/cm^3$，离子浓度误差 ≤ ±10%，美国 ALC 型与日本 KEC-990 性能基本一致。日本原产 COM-3200PRO 测试仪有效离子浓度监测范围：R1 为 0 ~ $\pm20000ion/cm^3$，R2 为 0 ~ $\pm200000ion/cm^3$，R3 为 0 ~ $\pm2000000ion/cm^3$，分辨率 $10ion/cm^3$，离子浓度误差 ±15%。校准后将负氧离子测试仪放置在距地面 1.5m 处，与成人呼吸高度基本一致。同时放置在同一观测点的不同方位，每秒读数一次，连续观测一段时间。

（a）KEC-990型负氧离子测试仪　　（b）COM-3200PRO精密负离子测量仪　　（c）ALC系列负氧离子测试仪

图 2-1　负氧离子测试仪

2.2.2　记录仪

实测时，高智能专用记录仪 KEC-R2（图 2-2）与 KEC-990 型负氧离子测试

---

① 见本书 2.1.1 节空气负离子的来源中的说明。

仪同属于一个生产制造商研发的 KEC 系列。实测中将 KEC-990 通过 KEC-R2 使之与 PC 相连，测量位置尽量接近离子测试仪的进风口，实时显示空气离子浓度、温度和时间数据并记录，如图 2-3 所示。有效温度测量范围 –10~60℃，分辨率为 0.1℃，温度误差不大于 ±0.04%。所有数据通过计算机进行整理和分析，避免了手动记录数据而产生的误差，提高了准确性和可靠性。

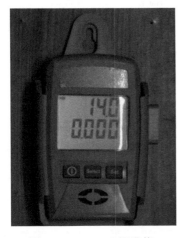

图 2-2　KEC-R2 记录仪

图 2-3　KEC-R2 与 KEC-990 连接测试图

2.2.3　植物和材料负离子测试仪

植物和材料负离子浓度用日本原装进口的负离子测试器 ION TESTER COM-3010PRO（图 2-4）测量。测量时使用高感度的 GM 感应器测量，通过不同秒数的测定值计算成负离子值，显示于液晶显示器，共有 5 种测量模式，测量范围为 0~100000ion/cm^3。实测时采用模式 2 进行操作，每次采集 3 次数据，每次 20s，取峰值数。

图 2-4　负离子测试器 ION TESTER COM-3010PRO

2.2.4 风速测量仪

风速的测量采用希玛 AR856A 风速风量计（图 2-5），其应用很广泛，在所有领域都能灵活运用，并广泛应用于电力、钢铁、石化、节能等行业。风速测量范围为 0.3~45m/s，风速测量误差 ±3% ±0.1dgt，风速单位选择 m/s、Ft/min、Knots、km/h、Mph 等，风量测量范围 0~999900m³/min，有最大和最小值测量，风温测量为 0~45℃，温度误差为 ±2℃，红外测温范围 –50~300℃。

实测时，将风速仪的风叶尽量接近空气离子测试仪的进风口，并保持平行。所有数据同步收集之后，通过计算机对数据进行整理和分析。

2.2.5 相对湿度测量仪器

室内外空气相对湿度的测量，采用 BTUPSYCHROMETER AZ8912 型风速仪（图 2-6）。湿度测量范围 0~100%RH，精度 ±3%。实测时，将 AZ8912 型风速仪的感应探头尽量接近空气离子测试仪的进风口。同步收集数据之后，将相对湿度数据输入计算机进行整理和分析。

图 2-5　AR856A 风速仪　　图 2-6　AZ8912 型风速仪　　图 2-7　无叶风扇

2.2.6 无叶风扇

传统风扇都会有像气浪一样的风吹向使用者，但是无叶风扇（图 2-7）是应用空气倍增的技术，环状的喷嘴可以将周围的空气增大 15 倍，形成自然气流，营造出不间断的平滑稳定的气流，没有一丝震动。

2.3　实验范围和指标

2.3.1 室内实验

实验室位于湖北省武汉市，属北亚热带季风性湿润气候；雨量充沛，日照充足，夏季酷热，冬季寒冷，年平均气温 15.8~17.5℃。该样点建筑周围绿化较好，无森林、瀑布、高压电网等离子源。

2.3.2 室外监测

室外实验在安徽省合肥市包河区某住宅小区内进行。合肥属于亚热带湿润季风气候。全年气温夏热冬冷，春秋温和，年平均气温 15.7℃。根据夏季和冬季的 CFD 风速模拟结果，选择了代表不同的风速和环境特征的 12 处样点进行实测，包括高层住宅、多层住宅、低层住宅以及中心广场等 12 个区域，采集了夏冬两季和过渡季节秋季的空气正、负离子浓度及相关气象和环境指标，观测期间气象稳定，晴天为主。

2.3.3 实验指标

（1）空气负离子，单位 ion/cm^3。

（2）空气正离子，单位 ion/cm^3。

（3）温度，单位℃。

（4）湿度，单位 %。

（5）风速，单位 m/s。

（6）周边环境情况。

2.4 实验方法和分析评价手段

2.4.1 实验方法

实测采集数据主要包括空气正、负离子浓度，风速，风向，空气温度，相对湿度，植物和材料的负离子浓度等。

（1）空气正、负离子浓度（ion/cm^3）用日本原产的 KEC-990 负离子测试仪，测点距地面 1.5m 处，与成人呼吸高度基本一致。用 KEC-R2 型高智能记录仪使之与 PC 相连，实时显示空气正、负离子浓度与温度并记录。每个监测点每次采气 10min，间隔 1s 读数一次；风速使用 AR856A 风速风量计测定，与 PC 相连，实时显示风速和温度。相对湿度用天津气象仪器厂生产的 DHM-2 型通风干湿表测定，每次采集 5 次数据，间隔 30s 读数一次。植物和材料负离子浓度用日本原产的 ION TESTER COM-3010PRO 负离子测试器，采用 Mode 2 快速测试模式，每次采集 5 次数据。以上这些测试仪器用于本书主要测试项目。

（2）空气正、负离子浓度（ion/cm^3）用日本原产的 COM-3200PRO 空气离子测试仪,分辨率 10ion/cm³,实验误差 ±15%,距地面 1.5m 处,与成人呼吸高度基本一致。风速使用三杯式风速传感器测定,用 WY-100G 数据采集记录仪连接,实时显示空气正、负离子浓度,温度,湿度与风速并记录,间隔 5s 记录一次。以上这些测试仪器用于本书中绿植和城市绿地的测试项目。

2.4.2 数据整理与分析

1. 空气负离子浓度记录软件 Record Monitor M

该软件为 KEC-R2 型记录仪适用软件,可以将测量到的空气离子浓度和温度数据导出为 EXCEL 表格,再进行整理和分析,如图 2-8 所示。

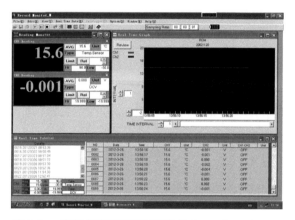

图 2-8 空气负离子浓度记录软件 Record Monitor M

2. 空气负离子浓度记录软件 ONETEST-100

该软件为 COM-3200PRO 型记录仪适用软件,可以将测量到的空气负离子浓度和温湿度数据导出为 EXCEL 表格,再进行整理分析,如图 2-9 所示。

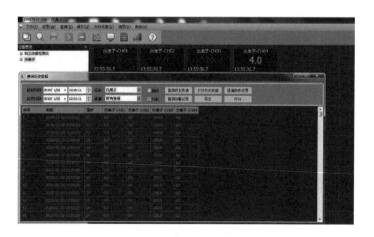

图 2-9 空气负离子浓度记录软件 ONETEST-100

3．风速仪记录软件 Anemometer Real Time Measure（AR856）1.01

该软件为 AR856A 风速风量计适用软件，可以将测量的风速和温度数据导出为 EXCEL 表格，再进行整理和分析，如图 2-10 所示。

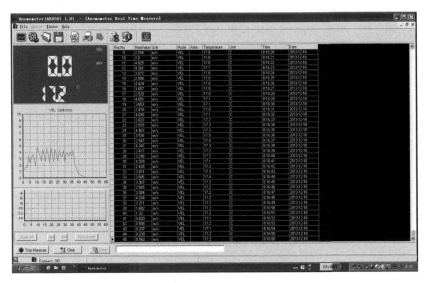

图 2-10　风速仪记录软件 Anemometer Real Time Measure

4．Microsoft Office Excel 2010

使用 Microsoft Office Excel 2010 对上述数据进行整理和分析，并制作相关图表，主要用于横向和纵向比较。

5．IBM SPSS Statistics 22.0

（1）数据整理

使用 IBM SPSS Statistics 22.0 进行数据的统计分析。根据得到的数据，首先排除无效数据。根据时间点，再把各种相关数据对齐，包括温度、湿度、风速、负离子等等。接着把校准过的数据导入 SPSS，如图 2-11 所示。

Temp	Nai	Speed
5.5	-0.0020	1.196
5.5	-0.0010	1.414
5.5	-0.0030	1.439
5.5	-0.0030	1.211
5.5	-0.0030	1.360
5.5	-0.0050	1.200
5.5	-0.0050	0.791
5.5	-0.0090	0.900
5.5	-0.0010	0.983
5.5	-0.0080	0.884
5.5	-0.0010	0.967

图 2-11　数据导入 SPSS

（2）数据计算

首先进行双变量相关性分析，如图 2-12 所示。其中 $Sig.$ 显著性水平 P 值，当 $P \leqslant 0.01$ 时，表示极显著，当 $P \leqslant 0.05$ 时，表示显著。同时得到线性回归方程模拟等，根据结论再决定是否进行偏相关分析。如果变量呈显著或极显著，则控制温度的影响因素，分析负离子和风速的偏相关性，如图 2-13 所示。最终进行负离子和风速的线性回归分析，如图 2-14 所示。

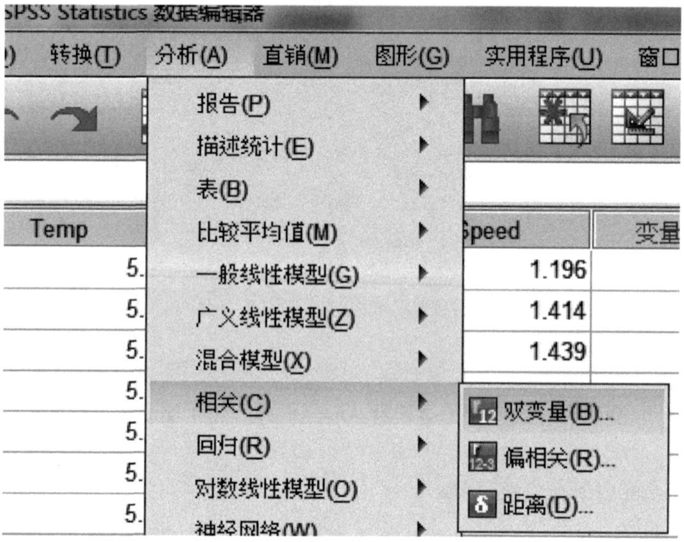

图 2-12 双变量相关性分析

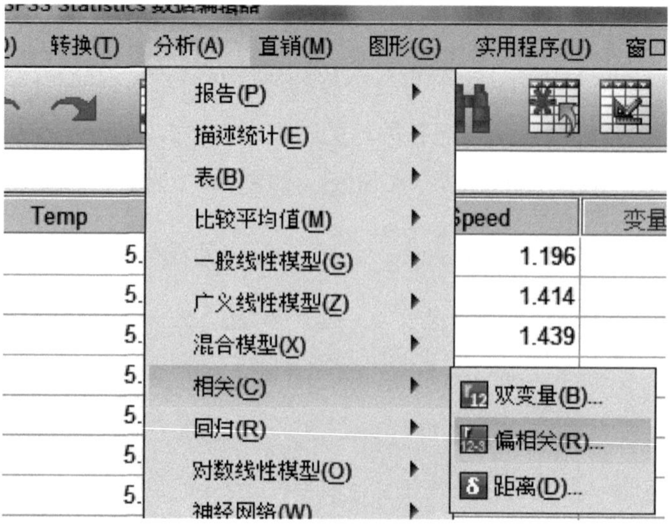

图 2-13 负离子和风速的偏相关分析

图 2-14 负离子和风速的线性回归分析

2.4.3 评价方法

国内外专家学者曾对负离子浓度进行了测试，并对实验结果进行总结，提出了负离子的评价方法。从卫生学的角度评价大气离子浓度，一般采用单极系数、重离子与轻离子浓度比、Koch Water（英国）空气离子舒适带、Deleanu.m.c（德国）空气离子相对密度、日本安培空气质量评价指数等。

英国学者 Koch Watre 提出舒适带：25.5℃，风速在 0.14m/s 以下，负离子 250ion/cm^3，正离子 500ion/cm^3。[129] 目前国内外对空气负离子的评价还没有统一的标准，常规采用单极系数和安培空气质量评价指数这两个应用最广的评价指标。

1. 单极系数（q）

在正常大气中，空气正、负离子浓度一般不相等，这种特征被称为大气的单极性。单极性用单极系数来表示，即空气中正离子与负离子的比值，$q=n^+/n^-$。单极系数越小，表示空气中负离子浓度比正离子浓度高得越多，对人体越有利。日本学者研究表明，当 n^- 大于 1000ion/cm^3，且 q 值小于 1 时，空气清洁舒适，对人体健康最为有益。[16]

单极系数仅仅从正负离子浓度比的角度进行评价，没有考虑负离子或正离子本身的浓度，不能全面真实地反映情况，因为空气清洁度不仅与正负离子浓度比值有关，同时还与负离子浓度的绝对值相关。

2. 安培空气质量评价指数（CI）

日本学者安培通过对城市居民生活区空气离子的研究，建立了安培空气离子评价指数。[29] 安培空气质量评价指数反映了空气中离子浓度接近自然界空气离子化水平的程度，即 (2-1)

$$CI=n^-/（1000 \times q）^{[27]}$$

式中　CI——空气质量评价指数；

　　　n^-——空气负离子浓度（ion/cm³）；

　　　q——单极系数；

1000——满足人体生物学效应最低需求的空气负离子浓度（ion/cm³）。

空气质量评价指数把空气负离子作为指标，同时又考虑了正、负离子的构成比，较为全面和客观，这种评价方法比单极系数更详细。因此，在国外的城市空气离子评价中已经得到了广泛的应用，[130] 其评价标准见表2-4，按空气清洁度指数可以将空气质量分成5个等级。

空气清洁度与空气质量评价指数（CI）的关系　　　　表2-4

等级		空气清洁度	指标（CI）
A		最清洁	＞ 1.00
B		清洁	1.00~0.70
C		中等清洁	0.69~0.50
D		允许	0.49~0.30
E	E1	轻污染	0.29~0.19
	E2	中等污染	0.18~0.1
	E3	重污染	＜ 0.09

表格来源：李陈贞，甘德欣，陈晓莹. 不同生态环境条件对空气负离子浓度的影响研究 [J]. 现代农业科学，2009,16(5):175.

3. 空气重离子与轻离子比

下垫面空气的洁净度与大气中的悬浮颗粒物浓度直接相关，空气分子或原子在受到外界自然的或人为的因素作用下，形成空气正、负离子，其中粒径小、迁移率大的称为小离子；在被污染的空气中，小离子与空气中的悬浮颗粒物结合，夹带着污染物，成为粒径较大、迁移率低的大离子。清洁空气中小离子多、大离子少，而污染空气中则小离子少、大离子显著增加。因此，空气中大小离子比值可以作为衡量空气清洁度的指标之一。[131]

N 为重离子浓度，n 为轻离子浓度，重离子与轻离子之比为 $N^\pm/n^\pm$，比值作为下垫面空气质量的评价指标之一，比值越小，表明空气质量越好，反之则越差。我国要求重离子与轻离子比值应小于 50。该指标的缺陷是没有考虑空气正、负离子的构成。

4. 空气相对密度（Da）

原联邦德国的研究人员在同时测定国内大量工厂和车间空气中的负离子含量的基础上，建立了空气离子相对浓度模型。

空气离子相对密度是指某一地区（一般为工业污染区）空气离子密度与对照区（一般为相对清洁区）空气离子密度之百分比，用该值可以对城市不同地区空气污染状况进行评价（表 2-5）。空气离子相对密度可对工业区大气污染状况进行评价，但相对清洁区应远离污染源，两区之间应具有可比性。即

$$Da(\%)=(n_a^+ + n_a^-)/(n_0^+ + n_0^-) \times 100\% \text{[132]} \qquad (2-2)$$

式中　n_a^+——测定地区正轻离子数；

　　　n_a^-——测定地区负轻离子数；

　　　n_0^+——对照区正轻离子数；

　　　n_0^-——对照区负轻离子数。

大气污染空气离子相对密度分级标准　　　　　　　　表 2-5

污染等级	空气离子相对密度	
	高度非特异污染城市	轻度非特异污染城市
极度污染	<50	<65
重度污染	51~65	66~80
中度污染	66~80	81~90
轻度污染	81~100	91~100

表格来源：段炳奇.空气离子及其与气象因子的相关研究[D].上海：上海师范大学,2007:23.

5. 森林空气离子评价模型

我国学者石强根据森林环境中空气离子的特性，在安培空气离子评价模型的基础上，结合人们旅游的需要，通过分析国内 10 个森林旅游区空气离子测试数据，提出了空气负离子系数的概念，即 $p=n^-/(n^-/n^+)$，同时建立了森林环境空气离子评价模型：$FCI=p \times n^-/1000$，其中，FCI——森林空气离子评价指数；1000——满

足人体生物学效应最低需求的空气负离子浓度（ion/cm³）。利用此模型分析研究了大量在森林环境中测得的空气负离子浓度数据，采用标准对数正态变换法，制定出森林游憩区空气负离子分级标准（SGFA）及评价指数分级标（EISGFA），如表 2-6 所示。

一般而言，森林环境中的空气负离子浓度高于城市居民区的空气负离子浓度。常规将森林游憩空气负离子的临界浓度定为 400ion/cm³，当空气负离子浓度低于 400ion/cm³，表面空气已受到一定程度的污染，对游客的健康不利；保健浓度为 ≥ 1000ion/cm³；允许浓度为 400~1000ion/cm³。[26]

森林空气负离子评价指数分级标准　　　　　表 2-6

等级	n^-（ion/cm³）	n^+（ion/cm³）	p	FCI
I	3000	300	0.80	2.40
II	2000	500	0.70	1.40
III	1500	700	0.60	0.90
IV	1000	900	0.50	0.50
V	400	1200	0.40	0.16

来源：章志攀，俞益武，孟明浩，等 . 旅游环境中空气负离子的研究进展 [J]. 浙江林学院学报 ,2006,23(1):105.

2.5　本章小结

首先，本章阐述了空气负离子的来源、产生机理和作用与价值，说明了空气负离子形成的关键点是各种外加能量必须大于空气的电离能。由于空气的摩擦作用，加上温度和湿度以及其他环境要素变化等原因的影响，空气负离子不断地被中和，并在一定范围或者某一特定区域内保持着动态平衡状态。

其次，介绍了实验设备、范围和指标、实验方法和评价手段。数据通过计算机同步记录并整理和分析，打破了手动记录数据而产生的误差，提高了准确性和可靠性，证实了数值计算分析工具和评价指标的科学性及适用性。并且对现有的评级手段进行优缺点分析，最终采用目前国际上应用最广的两个指标——单极系数（q）和安培空气质量评价指数（CI），对住区室外环境空气清洁度和空气质量进行评价分析。

3 自然环境和城市环境下空气负离子浓度的实验和实证研究

3.1 不同物质摩擦的空气负离子浓度研究

3.1.1 风速摩擦激发负离子浓度的实验研究

吴志湘[87]等通过实验测试了风速的摩擦对负离子浓度的影响,实验方法是选择3种能激发空气负离子的材料,如竹碳纤维、蛋白石、电气石,并把它们固定在管道中,然后保持温度为25.6℃,相对湿度为86.7%,只改变风速的大小,在距离负离子测试仪为10cm处得出实验数据,如图3-1所示。

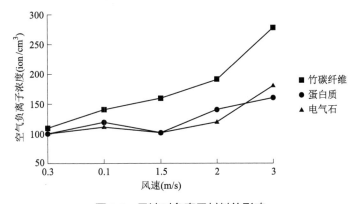

图 3-1 风速对负离子材料的影响

图片来源:吴志湘,黄翔,黄春松,等.空气负离子浓度的实验研究[J].西安工程科技学院学报,2007,21(6):805.

由图3-1得知,在小于3m/s的风速条件下,风速对负离子材料激发空气负离子的影响很小,其数量差也只有数十个。但在多次测试中发现,当风速为10m/s以上时,其空气负离子超过800ion/cm³,并检测不到含有任何空气正离子,而此时周围环境中空气负离子却只有350ion/cm³。综合分析得出,风速的摩擦只有在一定的临界风速下才可以激发产生空气负离子,该临界风速处于3~10m/s之间。

3.1.2 空气摩擦激发负离子浓度的实证研究

1. 风速摩擦产生的空气负离子变化

根据吴志湘的实验结果,风速的摩擦只有在一定的临界风速下才可以激发产生空气负离子。为了验证这一推理,作者选取了自然环境中海边作为实测地点,海边的空间开阔且风速变化幅度较为明显，观测结果见表3-1。由表中得知，最大值是在海边观测点1平均风速为4.2m/s时，空气平均负离子浓度达到6008ion/cm³，最小值是在海边观测点5平均风速为0.4m/s时，空气平均负离子浓度为250ion/cm³。

由于空气的流动增加了空气分子之间的摩擦，使得空气分子进行电离，从而增加了大气中离子的密度，同时风也增加了离子的迁移速率。[133]根据表3-1绘制得出图3-2，清晰地呈现出同一环境场所条件下，随着风速的升高，空气中负离子浓度逐渐增多，随着风速的降低，空气中负离子浓度也逐渐减少。因此风速不仅与空气负离子浓度关系密切，同时两者还呈现出一定的负相关。

海边各观测点空气负离子浓度 表3-1

测试点	时间	平均负离子数 (ion/cm³)	最大负离子数 (ion/cm³)	平均风速 (m/s)
海边测试点1	08:20	6008	9560	4.2
海边测试点2	10:20	1717	2900	3.4
海边测试点3	12:20	604	3600	1.38
海边测试点4	14:20	942	2600	1.37
海边测试点5	16:20	250	300	0.4

说明：测试点2为红树林区域，测试点5为海边小餐厅旁，其余测试点均为海滩上。

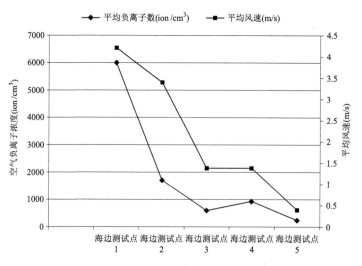

图3-2　海边各观测点空气负离子浓度与风速关系图

2. 不同水体摩擦产生的空气负离子变化

根据水体的状态不同，可以划分为静态水（平静少动，如水池、水库等）和动态水（流动变化，如河流、溪涧、瀑布等，如图 3-3 所示）。根据 Lenard 效应原理，动态水比静态水更容易激发空气负离子。由表 3-1 得知动态水体环境下的空气负离子浓度大于静态水。动态水中，急流比缓流大，其中以瀑布最大；静态水中，大面积水域比小面积水域的空气负离子浓度高。瀑布的空气负离子浓度平均值达到 26500ion/cm³，溪流处平均值达到 2407ion/cm³。这是由于瀑布口的 Lenard 效应强烈，产生的空气负离子影响距离最远，[90] 而水速流动量较小的溪流影响范围则较小。

（a）喷泉——某小区内景观　　（b）水车——某酒店入口处景观　　（c）出水口——某酒店景观

图 3-3　不同动态水体景观

黄春松等[122] 研究中，用空气负离子测定仪对喷泉产生的空气负离子进行了测定，结果见表 3-2。作者在 2012 年 8 月 8 日对某办公楼前广场景观进行了空气负离子的测试，选取了广场草地处、广场水池和喷泉口处，如图 3-4 所示，实测结果见表 3-3，由表中可知，广场喷泉口高速动态水的空气负离子平均浓度最高，为水池旁低速动态水的 2 倍多，比草地处高出了 5 倍多。

某医学院喷泉开关时空气负离子的浓度对比（ion/cm³）　　　表 3-2

时间	5 月 16 日	5 月 17 日	5 月 18 日	5 月 19 日	5 月 20 日	5 月 21 日
9：15	220*	247	693	498	618	746
9：30	267*	1107	2217*	368	6490*	5070*
9：45	157	—	2903*	332	7040	7250*
10：00	97	1490*	3157*	284	8234	8422*
10：15	117	2673*	4000*	470	6736*	8092*
10：30	150	2617*	4123*	552	746	972
10：45	167*	4320*	990	624	914	840
11：00	573*	4797*	860	518	736	642

时间	5月16日	5月17日	5月18日	5月19日	5月20日	5月21日
11：15	767*	3913*	530	676	766	556
11：30	970*	2690*	943	596	9180*	7326*
11：45	1027*	1320	1047	702	7422*	8104*
12：00	700	730	5887*	734	6784*	7744*
12：15	−	980	5703*	784	9362*	6948*
12：30	−	590	7110*	986	6634*	4958*
12：45	−	1513*	6617*	860	7416*	7507*
13：00	697	2370*	1367	900	806	572
13：15	1717*	3377*	1190	896	774	5670
13：30	3120*	1907*	1063	4590*	726	6788
13：45	2517*	1197*	1057	1104*	848	2506
14：00	2270*	740	−	868*	−	390
P值	0.004	＜0.001	＜0.001	＜0.001	＜0.001	＜0.001

注：P值为喷泉开启与关闭状态下空气负离子的显著性检验；*表示喷泉开启状态的数据。

表格来源：黄春松，黄翔，吴志湘.空气负离子产生的机理研究 [C]// 第五届功能性纺织品及纳米技术研讨会论文集，2005:375.

广场草地处　　　　　　　　　　广场水池旁　　　　　　　　　　广场喷泉口

图 3-4　某办公楼前广场景观实测

某办公楼室外广场草地、水池和喷泉口空气负离子浓度平均值对比（ion/cm³）　　表 3-3

广场草地处	广场水池处	广场喷泉口
8	25	47
7	17	36
6	16	34

续表

广场草地处	广场水池处	广场喷泉口
6	15	30
6	15	30
5	14	29
5	14	27
5	13	27
5	12	25
5	10	24
5	9	24
4	8	24
4	8	22
4	8	22
4	8	22
4	7	21
4	7	20
4	7	19
4	7	19
4	6	18
4	6	18
4	6	18
4	5	16
4	5	15
4	4	13
4	4	12
4	4	11
4	4	11
3	4	10
3	3	8
4.57	9.03	21.73

由此可见,在水的喷射过程中,由于冲击空气的速度和接触界面等因素的影响,加快了正负电荷的分离。水速流动地越快,相应摩擦产生的电离能越大,周边环境的空气负离子浓度就越高,如图3-5所示。

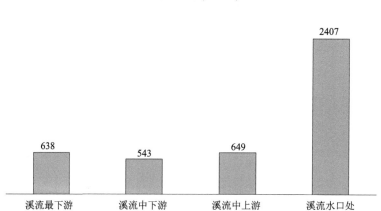

■ 平均负离子数(ion/cm³)

图 3-5　溪流各测试点的空气负离子浓度

3.1.3　小结

本节通过实验研究和实证研究表明,空气的摩擦可以使得空气分子不断地电离,从而增加大气中离子的密度,因此空气的摩擦与空气负离子浓度的关系密切,并且呈现出一定的相关关系。

吴志湘[87]的实验测试和作者的海边测试结果都表明了以上观点,同时随着风速的升高,空气中负离子浓度逐渐增多。吴志湘[87]同时提出了风速的摩擦只有在一定的临界风速下才可以激发产生空气负离子,该临界风速处于3~10m/s之间。在后面的研究中作者将进一步验证。

黄春松等[122]和作者的实测研究表明,水体在撞击和喷射过程中能加快正负电荷的分离。水流速度越快,相应摩擦产生的电离能越大,周边环境的空气负离子浓度就越高。

3.2　衰减距离下的空气负离子浓度研究

3.2.1　衰减距离实验研究

1. 衰减距离实验原理

吴志湘等[87]通过实验测试了空气负离子浓度的衰减距离,实验方法是选择能激发空气负离子的材料，分别固定 10cm、20cm 和 25cm 的距离进行衰减距离实验，其数据如图 3-6 所示。

由图 3-6 可以看出，材料距测试仪的距离越近，效果越好。但当材料与测试仪的距离大于 20cm 时，负离子测试仪就检测不到所释放的空气负离子，其原因可能跟负离子测试仪中的风机抽量有关，为了证明此点，课题组设计了另外一个实验。

先固定负离子材料于内壁为塑料的通风管道中，在风速为 0.3m/s 的作用下，使材料释放出的空气负离子充分地进入负离子测试仪，避免了风机抽量不够对负离子测试仪的影响，实验数据如图 3-7 所示。

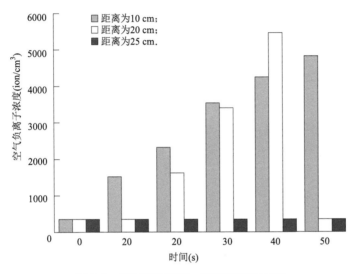

图 3-6　空气负离子在一定距离下的衰减

图片来源：吴志湘，黄翔，黄春松，等．空气负离子浓度的实验研究 [J]. 西安工程科技学院学报，2007,21(6):804.

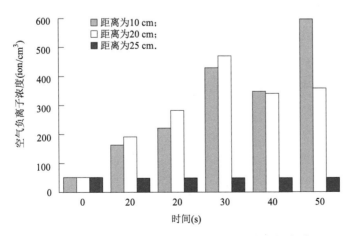

图 3-7　空气负离子在密闭管道中一定距离下的衰减

图片来源：吴志湘，黄翔，黄春松，等．空气负离子浓度的实验研究 [J]. 西安工程科技学院学报，2007,21(6):804.

由以上实验可以看出，材料激发出空气负离子与测试仪的距离有很大关系，距离越近，测出的数据越大。超出 20cm 后，不能测出所激发的空气负离子。因此，他判断空气负离子在环境中的衰减距离为 20cm 左右。

2. 衰减距离实验室模拟研究

针对吴志湘等学者的实验研究，为了验证这一原理的科学性和准确性，作者于 2012 年 9 月 23 日至 25 日在实验室内进行了封闭状态下建筑室内空气负离子在不同风速下扩散和传送的浓度分布研究。测试房间长 6m，宽 4m，高 3m；负离子发生器垂直高度为 90cm，位于无叶风扇前；测试点间距 500mm，距离 0~5m，如图 3-8 所示。

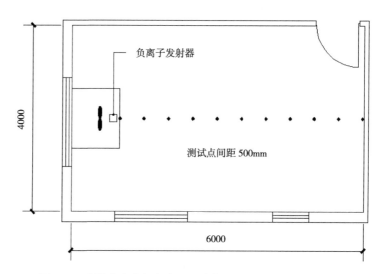

图 3-8　建筑室内空气负离子浓度与风速关系的实测平面图

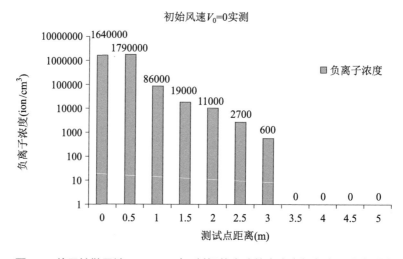

图 3-9　静风扩散风速 V_0=0m/s 时，封闭状态建筑室内空气负离子浓度对比

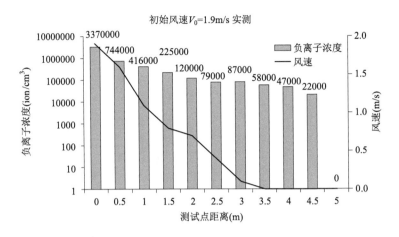

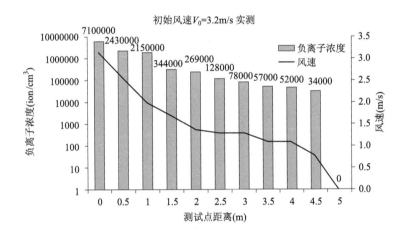

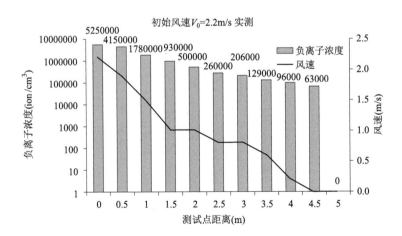

图 3-10 初始风速 V_0=1.9~6.4m/s 时，封闭状态建筑室内空气负离子浓度对比

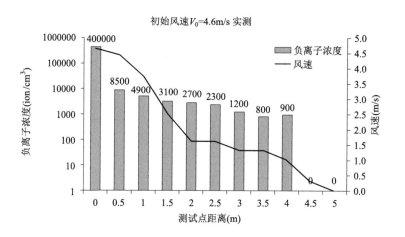

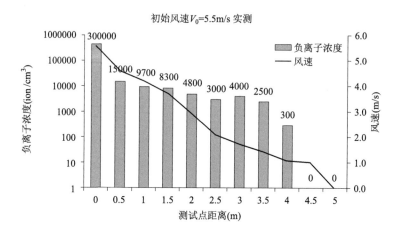

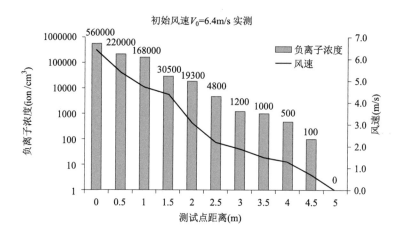

图 3-10 初始风速 V_0=1.9~6.4m/s 时，封闭状态建筑室内空气负离子浓度对比（续）

从图 3-9 和图 3-10 可以看出，室内空气负离子浓度在静风扩散时，传播的距离非常有限，即使负离子发生器的初始浓度能够达到每立方厘米 160 多万个，但是当距离到了3m之后，浓度就几乎为0了。当初始风速为1.9m/s、2.2 m/s和3.2 m/s时，负离子发生器产生的负离子浓度在4.5m时有2万~6万 ion/cm³，而5m由于靠墙浓度几乎为0。当初始风速为4.6 m/s、5.5 m/s、6.4 m/s时，发现空气负离子浓度保持高浓度的能力和传播的距离，都明显下降。由此可以证明吴志湘等人的研究，一定范围内的风速对于空气负离子的传播是有帮助的，效果要好于静风状态；但是作者发现超过一定范围的风速对负离子的传播能力反而有所下降，但仍好于静风状态。

3.2.2 衰减距离实证研究

在瀑布的测试中，选取了一级瀑布、二级瀑布、三级瀑布不同等级（三级瀑布为瀑布最高处）和距离进行测定，如图3-11所示。实测结果见表3-4、图3-12。由图表可知，距离瀑布口越近，产生的空气负离子就越多。其中距二级瀑布口5m处，空气负离子最大值达到了43000ion/cm³。

图3-11　南部沿海某瀑布

离瀑布不同距离的空气负离子浓度分布　　　　　　　　　　　　表3-4

离瀑布距离	距一级瀑布口50m	距一级瀑布口20m	距二级瀑布口20m	距二级瀑布口5m
平均负离子数 (ion/cm³)	2557	13000	26500	33000
负离子最大值 (ion/cm³)	6100	15000	38000	43000

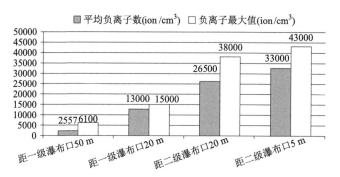

图 3-12 距水体不同距离的空气负离子浓度比较图

3.2.3 小结

作者在实验室的研究验证了前一节吴志湘等人[1]的研究，一定范围内的风速对于空气负离子的传播是有帮助的，效果要好于静风状态，同时作者发现超过一定范围的风速对负离子的传播能力反而有所下降，但仍好于静风状态。

同时本节的研究还表明随着距离的衰减，环境中的空气负离子浓度不断降低。在后续的城市住区实测研究中，应注意建筑上风向和下风向的气流运行不同状况对空气负离子浓度的影响。

3.3 自然环境下的空气负离子浓度和空气清洁度评价

3.3.1 研究区域概况

我国南部沿海某省份属于亚热带季风气候，夏季高温多湿，冬季气候温暖，日照和降雨量充足，特别是沿海地区。实证研究区域涵盖了森林、瀑布、海边、乡村田野、郊区旷野、县城中心、县城宾馆客房等不同类型。作者于 2011 年 9 月 22 日至 28 日期间每天 9：00—8：00 进行观测，主要观测项目有空气正、负离子浓度、风速、温度、湿度、植物和材料的负离子浓度等。观测期间气象稳定，晴到多云，平均气温在 25~27℃，观测结果见表 3-5。

自然环境中不同场所各观测点空气离子浓度与温度、湿度、风速数据　　表 3-5

环境场所	最大负离子数 (ion/cm³)	平均负离子数 (ion/cm³)	平均正离子数 (ion/cm³)	平均风速 (m/s)	平均空气湿度 (%)	平均空气温度 (℃)
海边	9560	6008	700	4.20	60	24.9

---

[1] 见本书 3.1.1 节中吴志湘提出的"风速的摩擦只有在一定的临界风速下才可以激发产生空气负离子"。

续表

环境场所	最大负离子数 (ion/cm³)	平均负离子数 (ion/cm³)	平均正离子数 (ion/cm³)	平均风速 (m/s)	平均空气湿度 (%)	平均空气温度 (℃)
红树林	2900	1717	1200	3.40	50	24.6
瀑布	38000	26500	1750	0.91	58	26.2
峡谷	1400	1200	1350	1.00	56	22.9
郊区旷野	2900	1533	—	0.97	33	32.3
乡村田野	4200	2080	—	0.63	30	30.2
溪流	2300	649	357	1.30	37	29.0
县城宾馆	1200	465	800	—	63	26.2
县城中心	2200	413	150	0.75	72	25.6

3.3.2 实测结果

由表 3-5 可以看出，地面上的空气负离子浓度随着地理环境因素（瀑布、海边、峡谷、乡村田野、郊区旷野、县城等）不同差别很大。但不因地域变异，只要具有相似的地理环境因素，都呈现出规律性的分布[124]：瀑布比海边高，海边比旷野高，旷野比峡谷高，山林比平地高，乡村比城市高，有风比无风时高，有水的地方比无水的地方高，有植物的地方比无植物的地方高，其中瀑布口的空气负离子含量最高。从高到低的排序为：瀑布＞海边＞峡谷＞溪流＞县城。第一是瀑布，平均空气负离子浓度为 26500ion/cm³；第二是海边，为 6008ion/cm³；第三是乡村，为 2080ion/cm³；第四是旷野，为 1533ion/cm³；第五是峡谷，为 1200ion/cm³；第六是县城中心，为 413ion/cm³，如图 3-13 所示。

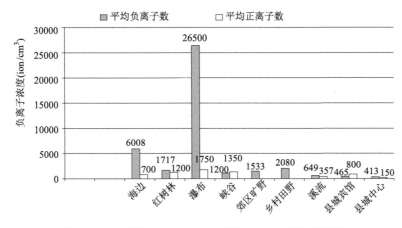

图 3-13　自然环境室内外空气平均正 / 负离子浓度比较

3.3.3 空气负离子和空气清洁度评价分析

应用单极系数和安培空气质量评价指数对表3-5进行评价分析，得出表3-6，由表中得知，对于自然生态环境整体而言，空气负离子浓度大，空气清洁度均为A级最清洁。尤其以海边和瀑布区域显著，主要因为这些环境场所风速和动态水体的摩擦激发了大量的空气负离子，同时空间开阔并不断保持这种状态，从而提高了环境的空气质量和空气清洁度。其中瀑布的空气负离子浓度平均值达到26500ion/cm³，空气清洁度为A级最清洁，超过最高等级标准值370倍以上；海边的空气负离子浓度平均值达到6008ion/cm³，空气清洁度为A级最清洁，超过最高等级标准值50倍以上；而峡谷和溪流场所的风速受到一些山林景观的阻挡，县城则主要受到建筑物的影响，同时人流、飘尘、烟尘较多，因此增大了摩擦而降低了风速，从而降低了空气负离子不断激发的能力，相应地带来空气清洁度的下降。但是相比较室内环境而言，室外自然环境空气清洁度均达到A级最清洁状态。县城宾馆是一个围合空间，室内空气流动产生的摩擦力非常弱，空气负离子增大的速度远远低于空气正离子产生的速度，因此空气清洁度为E1级轻污染状态。

由以上分析得知，自然生态环境的空气负离子和空气清洁度远远高于城市环境，空气负离子浓度呈现出由城市中心—郊区—乡村呈逐渐增大的趋势，且空气负离子浓度增大的速度大于空气正离子。因此以自然环境状态下的空气负离子浓度为标准，应用单极系数和安培空气质量评价指数评价自然环境质量具有科学性和可行性。在此基础上，为研究城市环境的空气负离子浓度和空气清洁度提供了参考标准。

自然环境下空气离子浓度与空气清洁度评价 表3-6

数据指标 \ 地点	自然环境						
	海边	红树林	瀑布	峡谷	溪流	县城中心	县城宾馆
平均负离子数 (ion/cm³)	6008	1717	26500	1200	649	413	465
平均正离子数 (ion/cm³)	700	1200	1750	1350	357	150	800
单极系数 $q=n^+/n^-$	0.12	0.70	0.07	1.13	0.55	0.36	1.72
空气质量评价指数 $CI=n^-/(1000 \times q)$	50.07	2.45	378.57	1.06	1.18	1.15	0.27
等级	A	A	A	A	A	A	E1
空气清洁度	最清洁	最清洁	最清洁	最清洁	最清洁	最清洁	轻污染

3.3.4 小结

本节的研究表明，自然环境下的空气负离子浓度随着地理环境因素（瀑布、海边、峡谷、乡村田野、郊区旷野、县城等）不同差别很大，见表3-7所列。同时空气负离子浓度呈现出由城市中心—郊区—乡村呈逐渐增大的趋势，因此以自然环境状态下的空气负离子浓度为标准，应用空气负离子浓度和空气清洁度评价自然环境质量具有科学性和可行性。在此基础上，为研究城市环境的空气负离子浓度和空气清洁度提供了参考标准。

自然环境下空气负离子浓度的分布标准　　　　　　表3-7

环境场所	空气负离子浓度 (ion/cm³)	环境场所	空气负离子浓度（ion/cm³）
海边	2000~6000	郊区旷野	1200~1500
瀑布	10000~40000	乡村田野	450~2000
峡谷	400~1500	街道绿化带	200~1000
溪流	600~2400	县城中心	200~400

3.4 城市环境下的空气负离子浓度和空气清洁度评价

3.4.1 研究区域概况

1. 合肥市

安徽省合肥市属于亚热带湿润季风气候。全年气温夏热冬冷，春秋温和，年平均气温15.7℃。测试区域选取了高层高密度小区、多层高密度小区、低层高密度小区等三种具有代表性的不同居住模式小区。作者于2011年11月1日至3日每天9：00—18：00进行观测，主要观测项目有空气正、负离子浓度，风速，温度和湿度等。观测期间气象稳定，晴天，平均气温在21℃左右，观测结果见表3-8。

2. 南方某县城

某县城属亚热带季风气候，年平均气温20.4℃，年降雨量1500~1800mm。测试区域选取了县城宾馆、县城中心、县城广场等场所。作者于2012年4月和8月每天9：00—18：00在县城进行观测，主要观测项目有空气正、负离子浓度，风速，温度和湿度等。其中春季4月份的测试前为大雨，整个测试期间气象稳定，平均气温在23~38℃区间，观测结果见表3-9和表3-10。

3.4.2 实测结果

1. 合肥市

观测结果见表 3-8。低层高密度、多层高密度和高层高密度代表目前城市居住区中比较典型的三种居住模式，空气负离子浓度随着不同居住模式而呈现不同变化。从高到低的排序为：低层高密度居住区＞多层高密度居住区＞高层高密度居住区。其中低层高密度居住区的空气负离子含量最高，平均值为 289ion/cm³；高层高密度居住区的空气负离子含量最低，平均值为 139ion/cm³，如图 3-14 所示。

城市不同模式居住区空气离子浓度与温度、湿度、风速数据　　　表 3-8

测试地点	平均负离子数(ion/cm³)	平均正离子数(ion/cm³)	平均风速(m/s)	平均湿度(%)	平均温度(℃)
高层高密度居住区	139	234	0.47	57	20.8
多层高密度居住区	158	37	0.6	40	21.7
低层高密度居住区	289	48	0.53	66	21.5

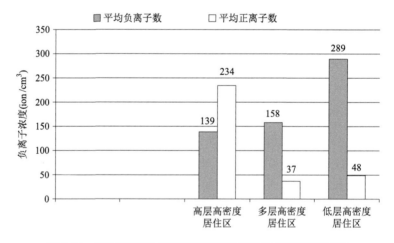

图 3-14　城市不同模式居住区空气负离子／正离子浓度比较

2. 南方某县城

（1）2012 年 4 月春季

观测结果见表 3-9。在县城的测试中，县城中心道路绿化带的空气负离子浓度最高，平均值达到 1407ion/cm³；宾馆室外道路的空气负离子浓度最低，平均值达到 190ion/cm³，如图 3-15 所示。

某县城春季观测点空气离子浓度与温度、湿度、风速数据 表 3-9

测试地点	最大负离子数 (ion/cm³)	平均负离子数 (ion/cm³)	最大正离子数 (ion/cm³)	平均正离子数 (ion/cm³)	平均风速 (m/s)	平均湿度 (%)	平均温度 (℃)
宾馆大厅	1200	717	2700	1537	/	60.6	24.3
宾馆室外古树下	3000	1227	4300	1633	0.2	59.2	25.0
宾馆室外道路	900	190	1200	410	0.6	67.8	23.3
县城中心道路绿化带	2100	1407	5500	2013	1.3	50.2	30.0
县城广场绿地	1800	487	2500	787	1.3	56.7	26.8
县城广场中央	1300	433	1600	850	1.8	74.9	25.4

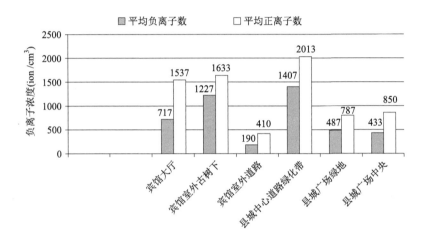

图 3-15 某县城春季空气负离子 / 正离子浓度比较

（2）2012 年 8 月夏季

观测结果见表 3-10。在县城的测试中，县城中心道路绿化带的空气负离子浓度最高，平均值达到 923ion/cm³；宾馆大厅的空气负离子浓度最低，平均值达到 290ion/cm³，如图 3-16 所示。

某县城夏季观测点空气离子浓度与温度、湿度、风速数据 表 3-10

测试地点	最大负离子数 (ion/cm³)	平均负离子数 (ion/cm³)	最大正离子数 (ion/cm³)	平均正离子数 (ion/cm³)	平均风速 (m/s)	平均湿度 (%)	平均温度 (℃)
宾馆大厅	700	290	1100	440	—	74.0	25.1
宾馆室外古树下	1200	460	900	263	1.0	62.4	27.7
宾馆室外道路	1100	443	900	387	—	62.1	28.2

续表

测试 地点	最大负离 子数 (ion/cm³)	平均负离 子数 (ion/cm³)	最大正离 子数 (ion/cm³)	平均正离 子数 (ion/cm³)	平均 风速 (m/s)	平均 湿度 (%)	平均 温度 (℃)
县城中心道路绿化带	1800	923	2900	1753	0.8	54.4	29.4
县城广场绿地	1500	466	1700	841	1.5	50.7	31.6
县城广场中央	1200	537	1300	917	1.4	44.0	37.6

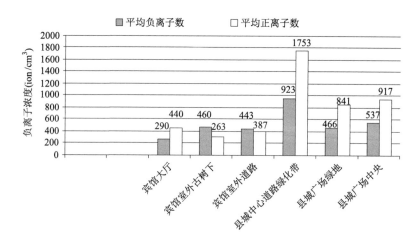

图 3-16　某县城夏季空气负离子 / 正离子浓度比较

3.4.3　空气负离子和空气清洁度评价分析

通过对合肥市和某县城两个城市环境的测试分析，验证了空气负离子浓度呈现出由城市中心—郊区—乡村呈逐渐增大的趋势，同时也符合英国霍金斯的分析，不同地区的空气负离子浓度有很大差异，郊区空气负离子浓度高于城镇和城市，室外空气负离子浓度高于室内。

在城市居住区环境中，建筑是主要的粗糙元素，由于建筑的摩擦作用，流经建筑上方及周边的气流的风速不断地变化，即使流经平坦开敞地区，风依然会受到地表和植被的摩擦，并使得近地风速减小的速率加剧，[134]相应地降低了空气负离子浓度，因此城市居住区环境的空气负离子浓度明显低于县城。

对比图 3-15 和图 3-16 得出图 3-17 所知，春季雨后的空气负离子浓度显著高于夏季干燥晴天，这是因为雨后空气湿度增大，飘尘含量降低，雨滴在降落到地表时，飞溅的雨滴会由于 Lenard 效应，产生大量的空气负离子，而过量的负离子会中和空气中的正离子，使正离子密度下降。因此下雨初停后，空气中的负离子密度会显著增高。[123] 同时，在宾馆室外古树下和县城中心道路绿化带的空气负离子浓度偏高，主要由于这两个区域的植物绿化丰富，植物尖端放电产生大量的负离子，同时植物树木叶片在进行光合作用和呼吸作用中，可以增加空气湿度和空气负离子含量，有利于吸收、阻滞、过滤灰尘，[135] 减少了有害颗粒物的影响，提高了空气清洁度。

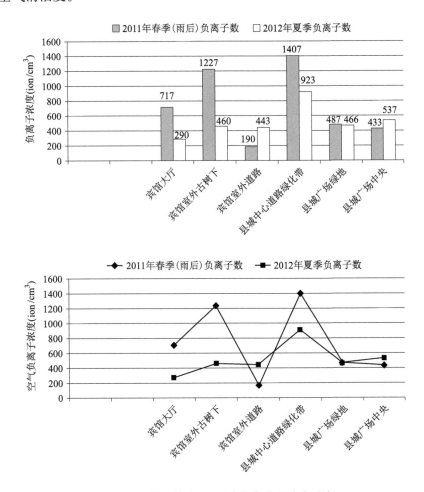

图3-17 某县城春／夏季空气负离子浓度对比

应用单极系数和安培空气质量评价指数对表3-8进行评价分析，得出表3-11。由表中得知，低层高密度居住区空气负离子浓度最高，平均值为289ion/cm^3，空气清洁度为最高级 A 级（最清洁）；高层高密度居住区空气负离子浓度最低，平均值为139ion/cm^3，空气清洁度为 E3 级（重污染）。这是由于高层高密度居住区容积率高，建筑群在空间布局较为紧凑，开敞空间少，因而增大了摩擦而降低了风速，从而降低了空气负离子不断激发的能力。同时人口密度又相对较大，景观绿化格局不如低层或者多层住区理想，因此空气负离子损失消耗增多，空气正离子浓度增大，引起空气清洁度下降。

城市不同模式居住区空气离子浓度与空气清洁度评价 表 3-11

数据指标 ＼ 地点	低层高密度居住区	多层高密度居住区	高层高密度居住区
平均负离子数 (ion/cm³)	289	158	139
平均正离子数 (ion/cm³)	48	37	234
单极系数 $q=n^+/n^-$	0.17	0.23	1.68
空气质量评价指数 $CI=n^-/(1000 \times q)$	1.70	0.69	0.08
等级	A	C	E3
空气清洁度	最清洁	中等清洁	重污染

应用单极系数和安培空气质量评价指数对表 3-9 和 3-10 进行评价分析，得出表 3-12 和表 3-13。由表中得知，整体而言，道路和广场集中区域的空气负离子浓度偏低，空气清洁度较差，而植物绿化丰富区域的空气负离子浓度较高，空气清洁度较好。其中古树和绿化带附近的空气负离子浓度较高，平均值在 1200ion/cm³ 以上，空气清洁度为 B 级（清洁）。县城宾馆室外道路的空气负离子浓度最低，平均值为 190ion/cm³，空气清洁度为 E3 级（重污染）；县城广场的空气清洁度也不理想，空气清洁度为 E1 级（轻污染）。这主要由于公路上车流量大，车辆扬起的灰尘和排出的废气增加了空气中的飘尘密度。飘尘、悬浮物都能够吸附正、负离子，使正、负离子发生中和，飘尘在负离子的电荷作用下容易吸附、聚集、沉降，在空气得到净化的同时负离子也随着飘尘落到地面上，从而引起负离子浓度的迅速下降。[133] 同时县城广场是县城人流活动的密集区域，有关文献报道，人员活动会减少负离子浓度 40% 左右，使正离子浓度上升，[136] 因此降低了空气清洁度。

某县城春季空气离子浓度与空气清洁度评价 表 3-12

测试地点	平均负离子数 (ion/cm³)	平均正离子数 (ion/cm³)	单极系数 $q=n^+/n^-$	空气质量评价指数 $CI=n^-/(1000 \times q)$	等级	空气清洁度
宾馆大厅	717	1537	2.14	0.34	D	允许
宾馆室外古树下	1227	1633	1.33	0.92	B	清洁
宾馆室外道路	190	410	2.16	0.09	E3	重污染
县城中心道路绿化带	1407	2013	1.49	0.94	B	清洁
县城广场绿地	487	787	1.62	0.3	D	允许
县城广场中央	433	850	1.96	0.22	E1	轻污染

某县城夏季空气离子浓度与空气清洁度评价   表 3-13

测试地点	平均负离子浓度 (ion/cm³)	平均正离子浓度 (ion/cm³)	单极系数 $q=n^+/n^-$	空气质量评价指数 $CI=n^-/(1000 \times q)$	等级	空气清洁度
宾馆大厅	290	440	1.52	0.19	E1	轻污染
宾馆室外古树下	460	263	0.57	0.81	B	清洁
宾馆室外道路	443	387	1.14	0.39	D	允许
县城中心道路绿化带	923	1753	1.9	0.49	D	允许
县城广场绿地	466	841	1.8	0.26	E1	轻污染
县城广场中央	537	917	1.71	0.31	D	允许

3.4.4 小结

本节的研究表明，不同地区的空气负离子浓度有很大差异，郊区空气负离子浓度高于城镇和城市，室外空气负离子浓度高于室内。另外雨后的空气负离子浓度显著高于干燥晴天。因此在后续的实证研究中，实测期间的天气状况应尽量稳定相似，以保证数据分析的准确性和科学性。

3.5 不同通风状态下的建筑室内空气负离子浓度研究

3.5.1 研究区域概况

1. 实验室

实验室地处湖北省武汉市，属于亚热带季风性湿润气候，周围绿化较好，雨量充沛，日照充足，夏季酷热，冬季寒冷，年平均气温 15.8~17.5℃，如图 3-18 所示。

作者于 2012 年 3 月至 10 月期间，每个月连续前 3 天的自然通风与第 4 天的封闭状态，每天 9：00—17：00 观测空气正、负离子浓度、风速、温度和湿度等，其中于 2012 年 6 月 7 日至 10 日启动地下冷热源制冷系统，这是一种可再生能源制冷技术，即将采集的地下冷热源（室内地板散热器的循环水与地下冷热源集水管中的水进行循环）来调节进入室内的新风温度，并通过与新风冷热交换系统进行热交换；然后，收集建筑内部已经使用后的空气，与新鲜空气交换热量后，排出室内。[137] 观测结果见表 3-14 和表 3-15。

图 3-18　实验室

2. 南方某城市办公楼

某办公楼地处城市东部郊区，属于亚热带季风气候，雨热同期，降水充沛，夏季高温多雨，冬季寒冷少雨。最热月平均温度一般不超过 30°C，最冷月平均温度一般不低于 10°C。办公楼平面采用双面走廊布局，共 5 层。测试地点为办公室 A、B、C 和底层大厅，其中办公室 A 采用地源热泵系统制冷通风，办公室 B 和办公室 C 均为普通空调制冷通风，办公室 C 采用自然通风，并在室内放置空气负离子发生器。办公室 A 与办公室 B 同在办公楼东部尽端，A 在 5 层，B 在 4 层，C 在 4 层西端，如图 3-19 所示。

作者于 2011 年 10 月 24 日至 25 日和 2012 年 8 月 8 日，每天 9：00—15：00 进行观测，主要观测项目有空气正、负离子浓度，风速，温度和湿度等，观测结果见表 3-16 和表 3-17。

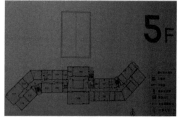

图 3-19　办公楼外观和平面布置图

3.5.2　实测结果

1. 实验室

（1）自然通风和封闭状态

观测结果见表 3-14。自然通风状态和封闭状态是最基本的两种通风状态，在一些具有高污染区域的建筑内，室外持续的自然通风将消除污染给建筑带来的负面影响。[57] 由图 3-20 可以看出，室内空气负离子浓度在自然和封闭状态下差别很大，自然通风明显高于封闭状态，平均差值在 6 倍以上，尤其以 4 月份为最高，自然通风状态下空气负离子浓度平均值为 241ion/cm³，封闭状态下空气负离子浓度平均值为 21ion/cm³，差值达到 11.5 倍。

自然通风和封闭状态下的建筑室内空气离子浓度与温度、湿度数据　　表 3-14

测试时间	通风状态	空气负离子浓度 (ion/cm³)	空气正离子浓度 (ion/cm³)	湿度 (%)	温度 (℃)
3 月	自然通风	149	268	71.2	10.8
	封闭状态	18	31	64.0	10.0
4 月	自然通风	241	313	48.5	24.9
	封闭状态	21	27	62.1	18.8
5 月	自然通风	224	314	65.1	24.9
	封闭状态	22	29	56.2	26.7
6 月	自然通风	155	217	40.9	30.4
	封闭状态	20	44	55.0	29.4
7 月	自然通风	121	206	28.5	32.9
	封闭状态	19	25	40.5	32.4
9 月	自然通风	141	268	35.1	26.5
	封闭状态	17	22	45.9	28.0
10 月	自然通风	173	242	40.0	17.5
	封闭状态	23	21	53.0	19.6

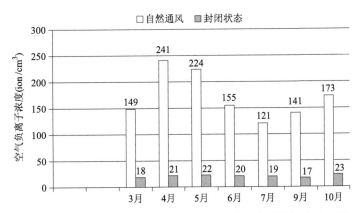

图 3-20　自然通风和封闭状态下建筑室内空气负离子浓度分布图

（2）新风系统与自然通风和封闭状态

实验室在室内舒适度调节和通风系统方面采用"地下冷热源系统 + 新风循环

系统＋地板送风系统”的集成系统，通过对室内的两个办公室（简称 A 和 B 办公室）进行连续 4 天的实测，对比新风系统和自然通风状态、封闭状态下的建筑室内空气负离子浓度分布情况，观测结果见表 3-15。由图 3-21 可以看出，自然通风状态下空气负离子浓度要稍高于新风系统，但是总体差别不大，最高差值为 33ion/cm³，最低差值仅为 1ion/cm³。但在室内温度和相对湿度方面，新风系统更能满足室内人体的舒适度要求。而封闭状态下的空气负离子浓度要明显低于新风系统，新风系统状态下的室内空气负离子浓度平均值均在 200ion/cm³ 以上，而封闭状态下仅为 20ion/cm³ 左右。同时在室内温度和相对湿度方面，新风系统比封闭状态下更有益于人体的健康。

不同通风系统的建筑室内空气离子浓度与温度、湿度数据　　　表 3-15

测试时间	办公室 A（新风系统）			办公室 B（前两天自然通风，后两天封闭状态）		
	负离子浓度(ion/cm³)	温度(℃)	湿度(%)	负离子浓度(ion/cm³)	温度(℃)	湿度(%)
6 月 7 日	186	25.9	66.4	219	26.8	58.5
6 月 8 日	212	26.0	66.6	213	29.0	47.8
6 月 9 日	223	26.1	65.8	17	27.8	60.9
6 月 10 日	206	25.9	66.0	21	25.8	57.9

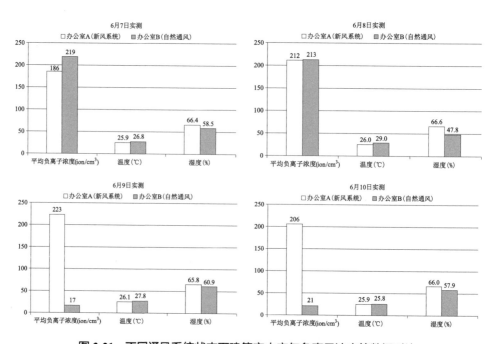

图 3-21　不同通风系统状态下建筑室内空气负离子浓度等数据对比

2. 南方某城市办公楼

（1）2011年10月秋季

观测结果见表3-16。由图3-22可以看出，办公室B在自然通风状态下空气负离子浓度最高，平均值806ion/cm³，采用新风系统（地源热泵制冷）的办公室A则次之，空气负离子平均值为769ion/cm³，机械通风（普通空调制冷）状态下则最低，平均值为147ion/cm³，新风系统比机械通风系统状态下的室内空气负离子浓度高出5倍多。办公室B和办公室C同在机械通风状态下，空气负离子浓度差别较大，差值达到337ion/cm³。同时在满足人体健康和舒适度的前提下，新风系统的优势较为明显。

秋季某办公楼室内观测点空气离子浓度与温度、湿度、风速数据　　　表3-16

测试地点		最大负离子浓度 (ion/cm³)	平均负离子浓度 (ion/cm³)	最大正离子浓度 (ion/cm³)	平均正离子浓度 (ion/cm³)	平均风速 (m/s)	平均湿度 (%)	平均温度 (℃)
办公室A（新风系统）		2700	769	3600	1242	3.4	74	23.0
办公室B	空调系统	1300	147	1700	396	0.9	49	23.7
	自然通风	2200	806	2700	1300	1.2	63	25.1
办公室C	空调系统	800	484	1500	282	1.0	50	24.3
	自然通风	900	512	1400	422	—	62	26.6
底层大厅（自然通风）		1700	542	1500	541	—	60	24.8

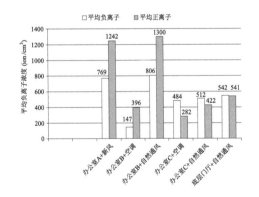
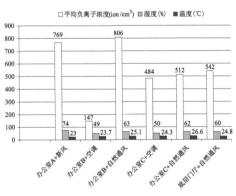

图3-22　秋季某办公楼不同通风状态下室内空气负离子浓度等数据对比

（2）2012年8月夏季

观测结果见表3-17。由图3-23可以看出，办公室A由于有新风的引入，因此空气负离子浓度最高，平均值1574ion/cm³；办公室B采用机械通风，空气负离子浓度平均值为487ion/cm³，仅达到办公室A的31%；底层大厅则最低，平均值为 230ion/cm³，这是因为虽然处于自然通风状态下，但大厅室内无外界自然风的引入，空气几乎没有流动，从而引起空气负离子浓度急剧下降。室外广场喷泉处由于动态水体的作用，空气负离子浓度平均值达到 881ion/cm³，比普通绿地高出近 1 倍。同样在满足人体健康和舒适度的前提下，新风系统的优势较为明显。

夏季某办公楼室内观测点空气离子浓度与温度、湿度、风速数据　　　　表 3-17

测试地点	最大负离子浓度 (ion/cm³)	平均负离子浓度 (ion/cm³)	最大正离子浓度 (ion/cm³)	平均正离子浓度 (ion/cm³)	平均风速 (m/s)	平均湿度 (%)	平均温度 (℃)
办公室 A（新风）	2300	1574	3600	2697	—	64.5	27.6
办公室 B（空调）	800	487	900	700	—	54.4	29.2
底层大厅（自然通风）	600	230	1400	307	—	67.5	29.5
室外广场绿地	800	452	1200	542	1	62.0	31.5
室外广场喷泉	2500	881	1800	877	0.6	64.3	30.6

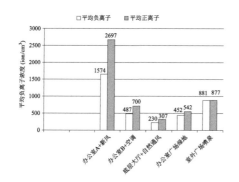 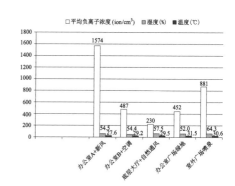

图 3-23　夏季某办公楼不同通风状态下室内空气负离子浓度等数据对比

3.5.3 空气负离子和空气清洁度评价分析

在实验室的室内测试中，应用单极系数和安培空气质量评价指数对表 3-14 进行评价分析，得出表 3-18。由表中得知，自然通风状态下的空气负离子浓度虽然高出封闭状态 6~11 倍，但是空气清洁度基本一致，空气清洁度为 E 级（污染）。其中个别月份稍有差距，但也还是保持在 E 级（污染）。因此，作者认为对于建筑室内的通风状况而言，空气负离子浓度能够较为准确地进行评价，而单极系数 q 值和空气质量评价指数 CI 值的评价能力有限。

自然通风和封闭状态下的建筑室内空气离子浓度与空气清洁度评价　　　表 3-18

测试时间	通风状态	空气负离子浓度 (ion/cm³)	单极系数 $q=n^+/n^-$	空气质量评价指数 $CI=n^-/(1000\times q)$	等级	空气清洁度
3 月	自然通风	149	1.8	0.08	E3	重污染
	封闭状态	18	1.7	0.01	E3	重污染
4 月	自然通风	241	1.3	0.19	E1	轻污染
	封闭状态	21	1.3	0.02	E3	重污染
5 月	自然通风	224	1.4	0.16	E2	中等污染
	封闭状态	22	1.3	0.02	E3	重污染
6 月	自然通风	155	1.4	0.11	E2	中等污染
	封闭状态	20	2.2	0.01	E3	重污染
7 月	自然通风	121	1.7	0.07	E3	重污染
	封闭状态	19	1.3	0.01	E3	重污染
9 月	自然通风	141	1.9	0.07	E3	重污染
	封闭状态	17	1.3	0.01	E3	重污染
10 月	自然通风	173	1.4	0.12	E2	中等污染
	封闭状态	23	0.9	0.03	E3	重污染

在南方某城市办公楼的室内测试中，应用单极系数和安培空气质量评价指数对表 3-16 进行评价分析，得出表 3-19。由表中得知，通过在不同通风状态下的建筑室内空气负离子浓度和空气清洁度的评价，得出室内空气负离子浓度为：自然通风状态 > 新风系统 > 封闭状态。其中办公室 B 在自然通风状态下的空气负离子浓度最高，平均值为 806ion/cm³，空气清洁度为 C 级（中等清洁）；办公室 A 则次之，平均值为 769ion/cm³，空气清洁度为 D 级（允许）；办公室 B 在机械通风状态下的空气负离子浓度最低，平均值为 147ion/cm³，空气清洁度为 E3 级（重污染）。这是因为一方面当空气负离子浓度增大时，空气正离子浓度也会增大，随着新风的不断进入，空气负离子浓度增大的幅度要比正离子浓度增大的幅度大很多；[16] 另一方面普通空调制冷在送风前有冷却或加热、加湿、滤尘等处理，这种通风措施对于改善微小气候有一定的效果，但在滤尘的同时也滤掉了空气负离子。[14]

办公室 C 由于放置了负离子发生器而导致负离子浓度升高，同样处于机械通风状态下，空气负离子浓度却比办公室 B 增大两倍多。这种产生负离子的方法虽然与自然环境中负离子发生的方式不同，[138] 但是能大大增加空气中负离子浓度，从而提高空气清洁度。同时刺激人们的兴奋点，提高工作积极性和工作效率。根据有关研究报道，在南非一家银行的数据处理室工作的 91 名女职工，每天处理大约 2 亿英镑的支票，2 年的统计表明，她们的工作出错率一直在 2.5% 左右，工作人员经常抱怨空气"沉闷"。但安装了空气负离子发生器 6 周后，出错率下降到 0.5%，职员的情绪也有很大提高。[14]

由此可见，自然通风或者有新风进入的室内空气负离子浓度增大，空气清洁舒适，人们在室内有一定的舒适感；而放置负离子发生器的室内空气清洁度具有显著改善。

秋季某办公楼室内空气离子浓度与空气清洁度评价　　表 3-19

测试地点		平均负离子浓度 (ion/cm³)	平均正离子浓度 (ion/cm³)	单极系数 $q=n^+/n^-$	空气质量评价指数 $CI=n^-/(1000 \times q)$	等级	空气清洁度
办公室 A （新风系统）		769	1242	1.62	0.47	D	允许
办公室 B	空调系统	147	396	2.69	0.05	E3	重污染
	自然通风	806	1300	1.61	0.50	C	中等清洁
办公室 C	空调系统	484	282	0.58	0.83	B	清洁
	自然通风	512	422	0.82	0.62	C	中等清洁
底层大厅 （自然通风）		542	541	1	0.54	C	中等清洁

3.5.4　小结

本节的研究表明，空气负离子浓度能够较为准确地进行评价室内通风状况，而单极系数 q 值和空气质量评价指数 CI 值的评价能力有限。同时自然通风或者有新风进入的室内空气负离子浓度较大，空气清洁舒适，人们在室内有一定的舒适感，而放置负离子发生器则对室内空气清洁度具有显著的改善作用。

3.6　不同植被类型对空气负离子浓度的影响研究

绿色植物能通过光合作用、植物叶表在短波紫外线作用下的光电效应及植物本身释放的挥发性物质芬多精等增加了空气负离子浓度，[25] 因此植被是产生空气负离子的一种重要方式之一。Jun Wang[97] 研究了不同光照条件下生长的 5 种植物在空气中负离子浓度的变化，研究结果表明植物产生负离子是一个复杂的生理过程，其影响因素也有很多，包括光、温度、湿度、压力和颗粒材料，其中光的因素最重要并且起到积极的影响。多数学者的研究证明了空气负离子与树种、植物群落的种类、群落的结构和植物的配置有关，同时不同绿地类型的空气负离子浓度也存在显著差异。[139]

3.6.1 自然环境中不同植被配置类型

对在自然环境中观测的数据进行分析，如图 3-24 所示，不同植被配置植物的负离子浓度有很大差异，从大到小依次为：高处复层结构植物＞低处复层结构植物＞低处单层结构植物。其中高处复层结构植物负离子浓度最大值达到 258ion/cm³，低处复层结构植物为 90ion/cm³，低处单层结构植物最小，为 30ion/cm³，仅为高处复层结构的 12%。因此初步判断植物多的地方空气负离子浓度较高，乔、灌、草复层结构的植被配置比其他结构类型的空气负离子浓度高。王洪俊[102] 和邵海荣[81] 的研究也表明，复层林比单层林要高。乔、灌、草组成的复层结构不仅由于绿量较高可以滞留较多的粉尘，也可以在枝叶截留的粉尘因风力而重返空气中时为再次截留粉尘为净化空气提供了条件。[140]

图 3-24　自然环境中植物绿化的空气负离子浓度对比

3.6.2 室内环境中不同绿化植物

中国社会的进步和科学技术的飞速发展推动了人们生活方式的改变，人们在一天中 2/3 以上的时间都在室内生活或工作。结合室内观赏性和人们喜好，选取 2 种天南星科、1 种百合科、1 种芦荟科和 1 种龙舌兰科共 5 种室内观赏植物为监测样本，如图 3-25 和表 3-20 所示。根据植物叶面积测算方法，把叶片规则的植物转换为几何图形进行测算，从而保证 5 种样本的叶面积大致相等。

白掌
Spathiphyllum kochii Engl. & K.Krause

芦荟
Aloe

绿萝
Epipremnum aureum

金边虎尾兰
Sansevieria trifasciata

金边吊兰
Phnom Penh Chlorophytum

图 3-25 5 种室内观赏植物

五种监测样本 表 3-20

科名	品种名	拉丁学名
百合科 (*Liliaceae*)	金边吊兰	*Phnom Penh Chlorophytum*
南天星科（*Araceae*）	绿萝	*Epipremnum aureum*

续表

科名	品种名	拉丁学名
南天星科（*Araceae*）	白掌	*Spathiphyllum kochii* Engl. & K.Krause
芦荟科（*Familia Aloeaceae*）	芦荟	*Aloe*
龙舌兰科（*Agavaceae*）	金边虎尾兰	*Sansevieria trifasciata*

1. 2017 年 2 月晴天

如表 3-21 所示，晴天 5 种样本释放空气负离子浓度平均值由大到小为金边虎尾兰 > 金边吊兰 > 芦荟 > 白掌 > 绿萝，分别为 244ion/cm³、224ion/cm³、191ion/cm³、181ion/cm³、97ion/cm³。

5 种室内观赏植物晴天释放空气负离子浓度日变化　　　　表 3-21

科名	植物名	负离子 (ion/cm³)			温度（℃）	相对湿度 (%)
		最大值	最小值	平均值		
百合科	金边吊兰	545	16	224	23	42
龙舌兰科	金边虎尾兰	495	65	244	23	39
南天星科	白掌	372	20	181	24	45
	绿萝	328	10	97	22	35
芦荟科	芦荟	382	20	191	23	35

如图 3-26 所示，5 种室内观赏植物晴天释放空气负离子日浓度变化相当明显，而且变化规律也各不相同。金边虎尾兰释放空气负离子呈现阶梯式下降，4：00 最高，达到 495ion/cm³，9：00 和 14：00 较低，其中 14：00 最低，达到 65ion/cm³。金边吊兰释放空气负离子呈现波浪式，4：00—10：00 和 19：00—22：00 区间空气负离子浓度较高，金边吊兰在 22：00 出现最高值，达到 545ion/cm³，0：00、12：00 和 15：00 较低。其中 12：00 最低，达到 16ion/cm³，22：00 最高，达到 545ion/cm³。芦荟在 7：00—12：00 和 19：00—1：00 时间段内变化幅度较大。其中 9：00 出现最高值，达到 382ion/cm³，16：00 和 19：00 较低，其中 16：00 最低达到 20ion/cm³。白掌在 4：00—8：00 呈现稳定状态，其余时间呈现逐步上升的趋势。其中在 18：00 出现最高值，达到 372ion/cm³，2：00 出现最低值，达到 20ion/cm³。绿萝呈现稳定的状态，其中上午 9：00 最高，达到 195ion/cm³，12：00 最低，达到 10ion/cm³。

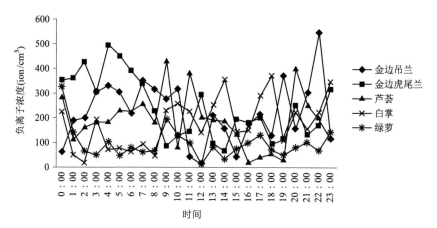

图 3-26　5 种室内观赏植物晴天释放空气负离子浓度日变化

2．2017 年 2 月阴雨天

如表 3-22 所示，阴雨天 5 种样本释放空气负离子浓度平均值由大到小为绿萝 > 金边吊兰 > 芦荟 > 金边虎尾兰 > 白掌，分别为 348ion/cm³、335ion/cm³、291ion/cm³、196ion/cm³、121ion/cm³。

5 种室内观赏植物阴雨天释放空气负离子浓度日变化　　　表 3-22

科名	植物名	负离子 (ion/cm³)			温度 (℃)	相对湿度 (%)
		最大值	最小值	均值		
百合科	金边吊兰	761	17	335	21	45
龙舌兰科	金边虎尾兰	556	10	196	21	39
南天星科	白掌	236	27	121	23	54
	绿萝	518	139	348	25	32
芦荟科	芦荟	563	10	291	24	37

如图 3-27 所示，5 种室内观赏植物阴雨天释放空气负离子浓度日变化规律较统一，最高值主要分布在上午 3：00—9：00 和下午 17：00—20：00，最低值主要分布在 10：00—12：00，具有明显的波峰和波谷。绿萝在 1：00—7：00 整体较高，其中 5：00 最高，达到 518ion/cm³；18：00 和 22：00 较低，其中 22：00 最低，达到 139ion/cm³。金边吊兰傍晚释放空气负离子浓度高于白天，最高值分布在 17：00—21：00，其中 18：00 最高，达到 761ion/cm³。芦荟在 3：00—6：00 较高，其中 3：00 最高，达到 563ion/cm³；10：00–12：00 最低，达到 10ion/cm³。金边虎尾兰在 6：00 时最高，达到 556ion/cm³；2：00–4：00 最低，达到 10ion/cm³。白掌整体较平稳，变化幅度不大。8：00 和 10：00 较高，其中 8：00 最高，达到 236ion/cm³；11：00 最低，达到 27ion/cm³。

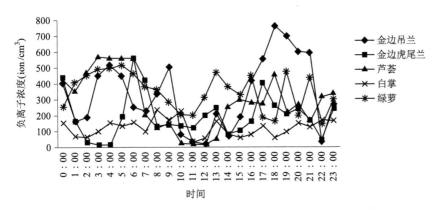

图 3-27 5 种室内观赏植物阴雨天释放空气负离子浓度日变化

3. 晴天和阴雨天对照分析

植物主要通过光合作用和尖端放电来释放空气负离子。由于 5 种室内观赏植物的生长习性基本属于阴性植物或半阴性植物，因此晴天和阴雨天室内观赏植物释放空气负离子的浓度有着显著的差异。

由图 3-28 可以得知，同种植物在不同天气下释放空气负离子浓度呈现出不同的趋势。金边吊兰、芦荟以及绿萝在阴雨天释放空气负离子浓度比晴天较高，尤其绿萝在两种天气下变化最为明显。这是由于绿萝本身的生长习性是喜高温高湿环境和喜散光，且绿萝本身生长在热带地区，依附于雨林中的岩石和树干生长。金边虎尾兰和白掌在晴天释放空气负离子浓度比阴雨天高，虽然白掌喜欢高温高湿的环境，但实验期间温度和湿度较适宜，因此阴雨天白掌释放的空气负离子浓度变化不显著。

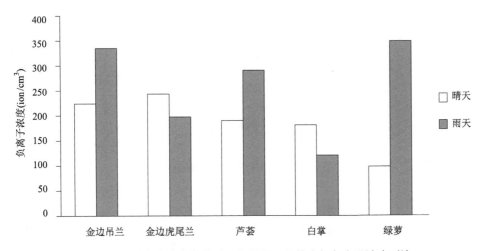

图 3-28 5 种室内观赏植物晴天和阴雨天释放空气负离子浓度对比

3.6.3　城市环境中不同绿地结构

城市绿地是城市生态系统的重要组成部分，是城市的"绿肺"，[141] 不同类型的绿地与人的身心健康关系越来越受到人们的关注。

2012 年 4 月春季对南方某县城的不同绿地结构 (图 3-29) 空气负离子浓度进行了实测，观测结果见表 3-23。由图 3-30 可以看出，县城宾馆外古树下的空气负离子浓度平均值达到 602ion/cm³，可见高大乔木的存在对提高空气清洁度起到主导作用。以草坪为主的单层绿地结构空气负离子浓度最低，平均值为 487ion/cm³，但都明显高于硬地广场。因此对于城市环境而言，利用有限的土地面积尽可能地多选择最佳绿化结构，可以有效地提高城市生态环境效益。[142]

县城宾馆外古树

县城宾馆外绿地

县城广场绿地

县城广场硬地

图 3-29　城市环境中不同绿地结构

某县城春季不同绿地结构的空气负离子浓度比较　　　　表 3-23

测试地点	最大负离子浓度 (ion/cm³)	最大正离子浓度 (ion/cm³)	平均负离子浓度 (ion/cm³)	平均正离子浓度 (ion/cm³)
县城宾馆外古树	2000	3550	602	1224

续表

测试地点	最大负离子浓度 (ion/cm³)	最大正离子浓度 (ion/cm³)	平均负离子浓度 (ion/cm³)	平均正离子浓度 (ion/cm³)
县城宾馆外绿地	2350	2800	596	839
县城广场绿地	1800	2500	487	787
县城广场中央	1300	1600	433	850

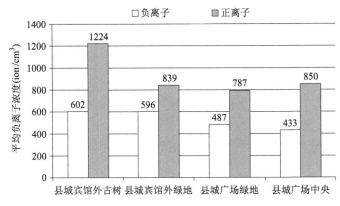

图 3-30　某县城春季不同绿地结构的空气负离子浓度比较

3.6.4　小结

本节的研究表明，植被对于城市环境空气负离子浓度及空气清洁度提升具有关键作用，[141] 但是植物产生负离子的是一个复杂的生理过程。[97] 受实测条件的限制，在本书中对住区环境中植被绿化与空气负离子的研究不加以深入讨论。

3.7　空气负离子浓度的其他影响因素研究

在自然环境和城市环境的实验研究和实证研究中，发现空气负离子还受到其他环境因子的影响，例如温度、相对湿度和材料等。这些影响因子对负离子的影响程度和关系还需要进一步的实验和实证研究来证明，在本书中不作深入讨论。

3.7.1　温度与空气负离子

由表 3-24 分析得出，观测期间平均气温在 25~27℃，温度变化幅度不大。当观测点温度变化比较明显时，空气负离子浓度的变化呈现却各不相同。根据以往的研究发现，空气负离子浓度和温度关系的观点难以统一。[84] 由图 3-31 可以看出，空气负离子浓度与气温变化的关系不明确，但是由于前期研究样本和观测时间有一定局限，因此两者之间的内在规律研究有待进一步加强。

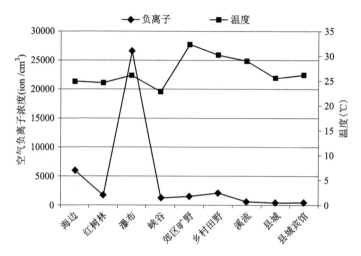

图 3-31　自然环境下各观测点空气负离子浓度与温度比较

3.7.2　相对湿度与空气负离子

由表 3-5 得出图 3-32，可以看出当相对湿度增加比较明显时，负离子浓度也随之增加，湿度降低较明显时，负离子浓度也随之下降，总体上呈正相关趋势。这是由于湿度高会减少大离子浓度，增加小离子浓度，从而增加空气负离子浓度。当个别点的湿度变化不大，但负离子浓度却有明显的变化，说明湿度不是影响负离子浓度的唯一因素，但却是其中一个重要影响因素之一。[143]

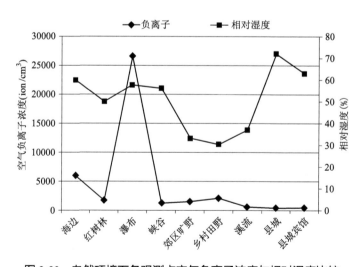

图 3-32　自然环境下各观测点空气负离子浓度与相对湿度比较

3.7.3 不同材料与空气负离子

不同的材料与空气负离子浓度的大小存在一定关系，通过对城市环境中常用的建筑材料测试中，发现花岗岩所含负离子浓度在 $60\sim80ion/cm^3$ 区间，岩石在 $20\sim70ion/cm^3$ 区间，土壤在 $60\sim100ion/cm^3$ 区间，水泥地面则低于 $10ion/cm^3$，地毯等人工装饰制品则不含负离子。这些结果对于合理利用和开发负离子含量高的环保型建筑材料具有启示作用。

3.7.4 小结

在之前一系列的实验和实证研究中，作者发现空气负离子还受到其他环境因子的影响，例如温度、相对湿度和材料等。因此在后续的研究中，将运用相关分析和偏相关分析对这些影响因素进行分析，由于本书的研究重点是空气负离子与建筑通风的相关关系，同时由于实测条件所限，对这些影响因子与空气负离子的相关关系不作深入讨论。

3.8 本章小结

（1）空气的摩擦和水体的撞击可以不断地激发空气负离子

由于空气的持续流动，增多了空气分子彼此之间的摩擦，使得空气分子不断进行电离，从而增加大气中离子的密度，同时风也增加了离子的迁移速率。随着风速的升高，空气中负离子浓度逐渐增多，因此空气的摩擦可以有效显著地增加空气中负离子的浓度。同时水体在撞击和喷射过程中也能加大水分子的电离能，被空气带走的小水雾液滴带负电荷并不断地形成负离子，从而激发并保持环境中的空气负离子浓度。

本书中仅限定于研究风与风之间的摩擦。在城市住区环境中，风速的摩擦是多样的，主要包括风与风之间、风与建筑之间以及风与下垫面之间等等。建筑是城市中的主要粗糙元素，由于建筑的摩擦作用，流经建筑上方及周边的气流的风速不断地变化，即使流经平坦开敞地区，风依然会受到地表和植被的摩擦，[134] 随着植被的增加，空气流动性逐渐降低，同时植被变化还会使当地的地面风发生变化，因此城市中的风环境是非常复杂的。

（2）城市风条件直接和明显地影响着空气清洁度以及人类健康和舒适度

城市风条件，尤其是近地面处的风条件，对降低由地面交通造成的空气污染有一定益处，直接和明显地影响着空气清洁度和能耗以及人类健康和舒适度。在城市住区环境研究当中，风作为气候因素是对建筑产生影响较大的要素之一，它决定建筑布局、建筑形态特征以及空间关系等。例如，两栋建筑处于同一个地区相同的位置，但是由于风向条件和建筑布局的不同，形成了两栋建筑之间不同的微气候条件，直接影响建筑环境的空气清洁度和人的舒适性程度，以至于在同一地点，不同的建筑产生不同的气候适应性策略，从而产生不同的空气负离子浓度和空气清洁度。因此本书以风环境研究为立足点，以研究城市住区室外环境通风状况的适应性评价为目标，使得住区室外环境的空气负离子浓度和建筑通风的研究更有针对性和现实性，研究更容易深入透彻，并可以以此为契机提供其他气候要素研究的方法及途径，[57] 且推而广之，形成系统化的城市住区人居环境质量评价标准。

（3）自然环境中的空气负离子浓度和空气清洁度可作为城市住区评价的参考标准

空气负离子浓度的大小是空气清洁程度的指南针。空气负离子的含量水平已作为公园建立森林浴场、森林别墅区、度假疗养区、负离子吸收区的重要依据，对游客有很大的吸引力。[14] 根据作者所做的实证研究得出表3-24，由表中可以看出自然环境明显高于城市居住区环境，城市作为人口聚集区，尘埃、废气、各种微粒组成的气溶胶等污染物含量相对较高，这些物质与空气负离子结合，影响了空气负离子的存活时间；同时城市中的树木和绿地明显少于县城和自然环境，市区内的路面多以水泥和沥青路面为主，阻隔了来自土壤的电离源，[81] 从而空气负离子浓度和空气清洁度大大下降。

在城市住区环境中，建筑、植被绿化、道路路面等粗糙元素，都在加大其与风的摩擦作用并使得周边气流的速度不断地变化，对空气负离子浓度造成了混合影响，因此城市居住区环境的空气负离子浓度明显低于自然环境。

自然生态环境是人类栖居的理想环境，空气负离子浓度和空气清洁度指标远远高于城市环境。以自然环境和城市环境中的空气负离子浓度和空气清洁度为参考标准，呈现出空气负离子浓度由乡村—郊区—城市中心逐渐降低，以及空气清洁度由最清洁逐渐降低的趋势，也验证了单极系数和安培空气质量评价指数评价的科学性和可行性。在此基础上，为研究城市住区环境的空气负离子浓度和空气清洁度提供了参考依据。

自然环境和城市居住区环境室外空气离子浓度与空气清洁度评价　表3-24

地　点 数据指标	自然环境				城市环境			
	海边	瀑布	峡谷	溪流	县城	低层高密度居住区	多层高密度居住区	高层高密度居住区
平均负离子浓度 (ion/cm³)	6008	26500	1200	649	413	289	158	139

续表

地点 数据指标	自然环境				城市环境			
	海边	瀑布	峡谷	溪流	县城	低层高密 度居住区	多层高密 度居住区	高层高密 度居住区
平均正离子浓度 (ion/cm³)	700	1750	1350	357	150	48	37	234
单极系数 $q=n^+/n^-$	0.12	0.07	1.13	0.55	0.36	0.17	0.23	1.68
空气质量评价 指数 $CI=n^-/$ $(1000 \times q)$	50.07	378.57	1.06	1.18	1.15	1.7	0.69	0.08
等级	A	A	A	A	A	A	C	E3
空气清洁度	最清洁	最清洁	最清洁	最清洁	最清洁	最清洁	中等清洁	重污染

（4）自然通风状态下的建筑室内空气负离子浓度要明显大于封闭状态

目前，越来越多的人在封闭的空调环境下工作，室内环境由于空气负离子浓度低，使长期在现代化空调建筑环境内工作的人员经常会有头痛、恶心、眩晕、昏睡的感觉，人们的神经系统受到一定程度的损害，易发生"空调综合征"，[127]对人体的健康极为不利，如图3-33所示。

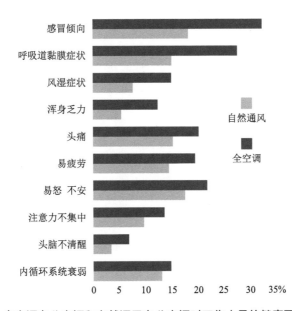

图 3-33 全空调办公空间和自然通风办公空间对工作人员的健康及舒适性对比

图片来源：德国科学技术部。转引自：卢求.欧洲智能办公建筑与智能玻璃幕墙 [J].世界建筑，2004，167(5):77.

通过不同通风状态下建筑室内空气负离子浓度的研究，可以看出自然通风状态下空气负离子的激发能量来源和保持能力较为显著，从大到小依次为：自然通风状态 > 新风系统 > 封闭状态。当室内开启新风系统，相比较于自然通风状态下的空气负离子浓度基本相当，室内空气清洁度差异不大。而在室内温度和相对湿度方面新风系统则更能满足室内人体的舒适度要求；当室内开启新风系统，相比较于封闭状态下的空气负离子浓度优势非常显著，室内空气清洁度差异较大。而在室内温度和相对湿度方面新风系统明显有益于人体健康和舒适度。

随着全球气候变化和城市办公自动化的逐步更新，封闭状态占据了人们日常主要工作和生活，因此如何提高封闭状态下的室内空气负离子浓度，需要对建筑通风状态进行研究，并对通风设计进行优化，引入穿堂风以改善室内气候。同时新风系统也是一种对空气负离子浓度和室内空气清洁度非常有益的通风系统，与自然通风状态下的空气负离子浓度和空气清洁度差异不大，并且满足人体舒适度的要求。

（5）空气负离子浓度评价建筑室内空气质量和空气清洁度具有可行性

通过经验判断和实测均可以看出，自然通风状态下室内空气负离子浓度明显好于封闭状态。但是通过单极系数（q）和安培空气质量评价指数（CI）分析，自然通风状态和封闭状态几乎一致，差别不大。因此以单极系数（q）和安培空气质量评价指数（CI）作为评价室内空气清洁度的指标是否合理是值得商榷的。而空气负离子浓度作为单一测量值，能够相对准确地对空气清洁度做出科学评价。

4　城市住区通风环境的数值建模模拟研究

计算流体力学是 20 世纪 60 年代起伴随计算机技术迅速崛起的学科。经过半个世纪的迅猛发展，这门学科已相当成熟。计算流体力学（Computational Fluid Dynamics，简称 CFD）是通过计算机数值计算和图像显示，对包含有流体流动和热传导等相关物理现象的系统所做的分析。其基本思想是把原来在时间域和空间域上的连续物理量的场，如速度场和压力场，用一系列有限个离散点上的变量值的集合代替，遵循一定的原理和方法建立起关于这些离散点上场变量之间关系的代数方程组，然后通过求解方程组最终得到场变量近似值。

随着计算机技术的发展，计算流体力学解析方法越来越多地应用到建筑室外气流流动问题的分析上。《中国生态住宅技术评估手册》把区域热岛效应和风环境的评估纳入了规范。[144]本书运用 FLUENT AirPak 软件，以夏热冬冷地区合肥市包河区某住宅小区为工程背景，结合当地实际气候和气象情况，对住宅小区风环境进行数值模拟，最终得到住区夏冬两季通风状况的模拟图。

4.1　工程背景简介

选取工程案例进行数值建模模拟研究是为了将模拟数据与实测数据进行对比分析，为下一步的实测研究工作提供基础。

现场实测是最直接的研究手段，不仅研究方法可靠，结果也具有说服力，是验证数值模拟与理论分析的最好手段，但是缺点也是非常明显的：一是现场测试组织和安排比较复杂，费人又费力；二是实测数据的准确性问题，涉及测试数据的采集与传递，数据的存贮与处理分析等多方面；三是多个地区的现场实测要尽可能地保证天气状况和地理环境相似。因此开展多个地区的实测受到限制，本书最终通过筛选比较，选取了夏热冬冷地区合肥市包河区某住宅小区进行模拟研究。

4.1.1　夏热冬冷地区气候特征概述

根据不同的纬度，以温度的划分为依据，北纬 35° 线范围附近区域为夏热冬冷地区，从世界范围来看，主要分布在中国的华中广大地区、中亚及西部地中海两岸，跨过大西洋至美国中部。在我国，夏热冬冷地区辐射范围达 16 个省，涉及秦岭以南至南岭以北的广大区域，[57] 包括重庆和上海两个直辖市，湖北、湖南、安徽、浙江、江西五省全部，四川、贵州两省东半部，江苏、河南两省南半部，福建省北半部，陕西、甘肃两省南端，广东、广西两省区北端，地域范围大，人口分布多。

夏热冬冷地区的气候条件具有夏季高温和冬季寒冷的双向恶劣气候特征，是世界上相同纬度地区中自然舒适度极低的地区。在夏热冬冷地区，对城市住区室外通风进行适应性研究有其自身特殊问题，与我国其他四个热工气候分区（严寒地区、寒冷地区、夏热冬暖地区和温和地区）相比，夏热冬冷地区城市住区需要同时考虑夏季和冬季完全不同风环境里主导风向和风速对空气负离子浓度的分布影响。本章拟通过 CFD 模拟夏冬两季的风速风向图，提供现场实测的参考以分析夏热冬冷地区城市住区室外环境空气负离子浓度与建筑通风的关系。

4.1.2 实测目标

实测目标在于通过分析城市住区不同环境特征，包括建筑布局、空间形态、建筑密度、交通路网、植物绿化等对通风的影响，结合模拟和实测数据研究夏热冬冷地区城市住区室外环境不同通风状况下的空气负离子浓度分布规律，分析建筑通风与空气负离子浓度之间的关系，用以说明评价住区室外环境通风状况的可行性。

夏热冬冷地区属于季风气候区，地区全年的主导风向呈明显的季节变化。其中夏季主导风向为东南风和南风，冬季主导风向为西北风，春秋两季则是风向的转换季节。因此在实测中选取夏季和冬季这两个气候对比鲜明的季节进行测试。因为春秋季节是风向转换季节，因此对过渡季节秋季也进行了测试，为本书的分析提供一个参考。

4.1.3 实测对象

合肥地处中纬度地带，属于典型的夏热冬冷地区气候代表城市，全年气温夏热冬冷，春秋温和，城市主导风向为东南风，其中夏季东南风，冬季偏北风。[145]合肥市市区盛夏闷热，极端最高气温为41℃。2013年公布的中国最热的十大城市，号称"新十大火炉"，合肥位列其中。据报道2013年8月的夏季，合肥的高温日数（日最高气温大于等于35℃）已达19天，位列全国省会级城市排名11位。[146]近年来，空气质量排名也处于省会城市后位。2013年冬季12月空气质量指数达到478，严重污染，再度成为全国最差，[147]如图4-1所示。

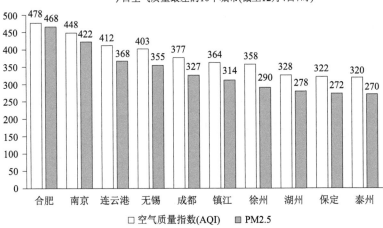

今日空气质量最差的10个城市(截至12月4日7时)

□ 空气质量指数(AQI)　■ PM2.5

图 4-1　2013 年 12 月 4 日空气质量最差的 10 个城市排名

图片来源：http : //365jia.cn/news/2013-12-04/AA3D224CEEBE26C8.html

2011 年安徽省宣布巢湖市撤销并入合肥，行政区划调整后，合肥一跃而为中国面积最大的城市。伴随着政务新区和滨湖新区的开发建设，合肥市城市环境出现了较大改变，问题也相对集中。因而本课题的研究对象集中在合肥的城市居住区域。经过现场观察寻访，作者在包河区众多城市居住区中选择位于马鞍山南路与太湖路交叉口东北角某住宅小区为实验测试对象。

住区西临城市主干道马鞍山南路，东临城市主干道铜陵南路，南临城市道路太湖路。南侧和北侧均为高层高密度居住小区，东侧为低层高密度居住小区，西侧省政务文化中心。整个小区占地南北宽 740m，东西长约 400m，总建筑面积约 53 万 m²，小区内最高建筑高度约 100m，建筑合计 62 栋，交错排列，如图 4-2 所示。

选择此小区的原因：包河区位于合肥城市主导风向的上风口，风速和风向变化明显；包河区有大量的城市居住区，已形成完善的生活居住环境；住区内的建筑密度和高度类型丰富，有低层独栋别墅、低层联排别墅、多层住宅、小高层住宅、高层住宅等多种形式的住宅单体，利于不同形态建筑布局的比较研究和计算模拟；住区规划布局为高层住宅包围低多层住宅，且小区南侧和北侧均为高层高密度居住小区，东侧为低层高密度居住小区，环境复杂且位于城市居住区集中区域具有城市通风案例研究的典型性。正是由于上述这些特点，此小区充分体现了作为城市环境中最为重要的活动场所和室外空间之一，其典型的居住区规划布局方式和形态丰富的建筑单体，极大地提供了城市住区室外环境通风的适应性研究的可行性。

图 4-2　合肥市某住宅小区卫星图

图片来源：http：//ditu.google.cn/

4.2　模拟计算模型

运用 AirPak 进行模拟的过程包括建立模型、划分网格、设定计算参数及边界条件、进行计算、计算结果后处理等几个步骤。

对于建筑和小区周围的空气流动属于大气边界层的低速不可压湍流流场，所以风场的基本控制方程为流体的连续性方程、动量守恒方程（纳维－斯托克斯方程 Navier–Stokes 方程，简称 N–S 方程）和能量守恒方程。

流体运动所遵循的规律是有三大守恒定律，即质量守恒定律、动量守恒定律、能量守恒定律。这三大定律对流体运动的数学描写就是流体动力学的基本控制方程组。

质量守恒定律数学表达式即为连续方程，对于不可压缩的流体流动，密度为常数，[148] 其表达式如下：

$$\frac{\partial u}{\partial x} + \frac{\partial v}{\partial y} + \frac{\partial w}{\partial z} = 0 \qquad （4-1）$$

动量守恒定律数学表达式是运动方程，通过对流动空间中流体微元的受力情况和运动情况的分析，可导出 x，y，z 三个方程运动方程的方程式：

$$\frac{\partial(\rho u)}{\partial t} + \mathrm{div}(\rho uu) = -\frac{\partial \rho}{\partial x} + \frac{\partial \tau_{xx}}{\partial x} + \frac{\partial \tau_{yx}}{\partial y} + \frac{\partial \tau_{zx}}{\partial z} + F_x$$

$$\frac{\partial(\rho v)}{\partial t} + \mathrm{div}(\rho vu) = -\frac{\partial \rho}{\partial y} + \frac{\partial \tau_{xy}}{\partial x} + \frac{\partial \tau_{yy}}{\partial y} + \frac{\partial \tau_{zy}}{\partial z} + F_y \qquad (4-2)$$

$$\frac{\partial(\rho w)}{\partial t} + \mathrm{div}(\rho wu) = -\frac{\partial \rho}{\partial z} + \frac{\partial \tau_{xz}}{\partial x} + \frac{\partial \tau_{vz}}{\partial y} + \frac{\partial \tau_{zz}}{\partial z} + F_z$$

式中，p 是流体微元体上的压力；τ_{xx}、τ_{xy} 和 τ_{xz} 等是因分子黏性作用而产生的作用在微元体表面上的黏性应力 τ 分量；F_x、F_y 和 F_z 是微元体上的体力。

能源守恒定律是包含有热交换的流动系统必须满足的基本定律。以温度 T 为变量的能量守恒方程式：

$$\frac{\partial(\rho T)}{\partial t} + \frac{\partial(\rho uT)}{\partial x} + \frac{\partial(\rho vT)}{\partial y} + \frac{\partial(\rho wT)}{\partial z} = \frac{\partial}{\partial x}\left(\frac{k}{c_p}\frac{\partial T}{\partial x}\right) + \frac{\partial}{\partial y}\left(\frac{k}{c_p}\frac{\partial T}{\partial y}\right) + \frac{\partial}{\partial z}\left(\frac{k}{c_p}\frac{\partial T}{\partial z}\right) + S_T$$

$$(4-3)$$

而对于湍流流体最广泛应用的数值模拟方法是 Reynolds 平均法，其核心不是直接求解瞬时的 N-S 方程，而是想办法求解时均化的 Reynolds 方程。但是，Reynolds 方程并不是封闭的，其中的 Reynolds 应力项是未知量。因此需对 Reynolds 应力做出某种假定，引入新的湍流模型方程。目前来说，常采用基于雷诺时均方程（RANS）的两方程模型和雷诺应力模型（RSM）两种湍流模型进行数值模拟。本书中采用 Airpak 软件 RNG k-ε 模型进行数值模拟，属于雷诺时均方程（RANS）的两方程模型的一种。

4.3　数值模拟的范围与几何模型

模拟目的是预测模拟对象的室外风环境状况。当地夏季主导风向为东南风，根据收集的气象数据，拟定 10m 高处平均风速为 2.4m/s。为了简化模型降低计算量，在不影响数值计算结果的情况下，对于小区内各栋建筑进行了相应简化，最终每栋建筑以立方体代表。模拟的目标小区如图 4-3 所示，小区规模为 740m×400m×100m。考虑到小区周边建筑对其风环境的影响，将东向与南向的高层建筑保留并做适当简化。

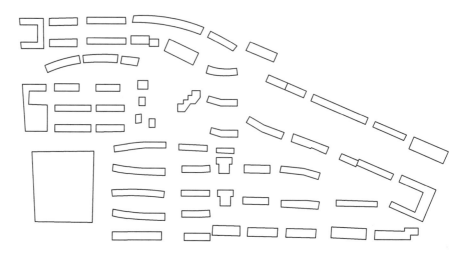

图 4-3　合肥市某住宅小区简化图

在对该小区风环境进行模拟时，首先需确定一个有限的三维计算域。计算区域过大，会增加模拟计算量和计算时间，对计算机硬件要求高。而计算域过小，则不适宜的计算域边界必定会影响研究对象模拟结果的准确性。本次模拟的，简化后如图 4–3 所示。结合相关文献中的模拟经验，计算域的宽度选定为目标区域宽度的 3~6 倍，迎风方向和下风方向均需留出的距离为目标区域长度的 3~6 倍。计算域高度为模拟对象高度的 3 倍以上。由于本书模拟的小区规模较大而且进风风速不大，考虑计算机计算量与工作时间问题，在模拟时适当在经验数值上压缩了迎风方向距离。经过多次模拟比较，最后确定该模拟中计算域的范围为 3500m × 2800m × 300m，如图 4–4 所示。

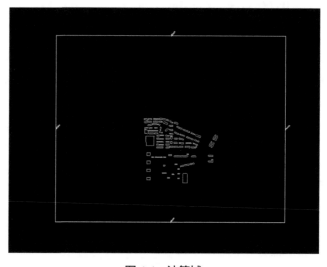

图 4-4　计算域

4.4   模拟的初始边界条件

模拟中的空气为有黏性，不可压缩流体，并做 boussinesq 假设，即低流速下其密度变化近受温度影响与压强变化无关。

夏季模拟中将模拟域 ROOM 的外部环境温度与辐射温度设置为合肥 2013 年 7 月白天平均气温 33℃，其 Gauge pressure（表压）压力设置为 0Pa。模拟中空气相对湿度设置为合肥当地 7 月平均湿度 65%。空气的初始条件中温度也设置为气温 33℃。由于模拟达到稳态的过程较快，空气初始速度设置为零即可。

4.4.1   进风口边界条件

由于大气流过地面时，地面上各种粗糙元会使大气流动受阻，这种摩擦阻力由于大气中的湍流而向上传递，并随高度的增加而逐渐减弱，达到某一高度后便可忽略。此高度称为大气边界层厚度。大气边界层内的风速随高度而增大，边界层顶的风速称为梯度风速。平均风速沿高度变化的规律称为平均风速梯度或风剖面，在 CFD 模拟中广泛应用的是指数风剖面，可以用以下的公式[148]表示：

$$V_h = V_0 (\frac{h}{h_0})^n \tag{4-4}$$

式中　V_h——高度为 h 处的风速，m/s；

　　　V_0——基准高度 h_0 处的风速，m/s，一般取 10 m 处的风速；

　　　n—— 地面粗糙指数。

不同地形下的风速梯度也不一样，根据《建筑结构荷载规范》GB 50009—2012，地面粗糙度可分为 A、B、C、D 四类：① A 类指近海海面和海岛、海岸、湖岸及沙漠地区，指数 n 为 0.12，边界层厚度 300m。② B 类指田野、乡村、丛林、丘陵以及房屋比较稀疏的乡镇和城市郊区，指数为 0.16，边界层厚度 350m。③ C 类指有密集建筑群的城市市区，指数为 0.22，边界层厚度 400m。④ D 类指有密集建筑群且房屋较高的城市市区，指数为 0.30，边界层厚度 450m。[149]

在模型中依据实际情况将南面及东面上风向风口设置为大气边界层。测量地点的地貌属于 C 类。在 Airpak 中利用其大气边界层宏的定义设置进风口 10m 高处的平均风速为 5m，风向为东南向，地面粗糙指数为 0.22，边界层厚度 Z 为 400m，同时设置好重力方向与大小。Airpak 提供的宏便能建立起完整的大气边界层，湍流能量 k 及湍流能量耗散律 ε 采用软件默认的经验公式，由 Airpak 自动计算完。

4.4.2 出风口与壁面边界条件

模型中北面与西面下风向设置为出风口，边界条件设置为压力始终等于外部环境压力即一个标准大气压。

地面和顶面均设为固定无滑移的壁面条件。地面顶面均用不考虑厚度的 Wall 来建模。为使外部太阳辐射进入到模拟域，将顶面材料属性设置为：直射散射辐射的吸收率均为 0，透过率均为 1。将地面材料选定为软件中的均质的黏土材质，参数如下：密度 1800kg/m³，比热容 800J/（kg·K），导热率 1W/（m·K）。

4.4.3 太阳辐射的引入

利用 Airpak 中的 solar loading 为模拟域引入太阳辐射。确定当地经纬位置，时区，具体日期时刻，并将太阳辐射透过率设置为 1，地面反射率设置为 0.2，软件即可自动计算出该地该时间点的辐射值。

由于模拟对象是建筑小区中风从建筑群之间绕流的状况。作为建筑物的 blocks 用空心代表，即不用模拟其内部。其表面材料设定为 Paint-non-metallic 型，并且假设太阳辐射在 blocks 表面无穿透。由于模拟的规模较大，且建筑物热状况相似且间距相对较大，模拟中不考虑建筑物之间的辐射，只将太阳辐射对于各栋建筑的计算纳入。

4.5 网格划分与收敛性

Airpak 根据用户设置，在合理控制网格细长比，网格高度变化率，扭曲度等参数后，自动划分网格。在本次模拟中选用普通型网格，网格为六面体结构化结构。最终划分网格数量约 40 万，网格质量控制中 Face alignment 和 Quality 参数均大于 0.15，[150] 网格质量良好，如图 4-5 和图 4-6 所示。

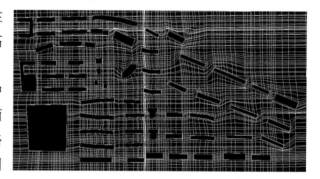

图 4-5 小区网格

数值模拟代数方程的终止标准按连续性方程与动量方程残差为 1.0 E-3 以下，能量方程残差为 1.0 E-6 以下，湍流耗散率湍流能量在 1.0 E-2 以下。在迭代最终满足收敛性，如图 4-7 所示。

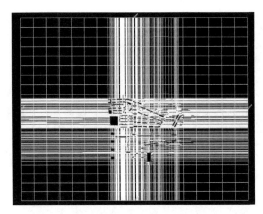

图 4-6 模拟域整体网格

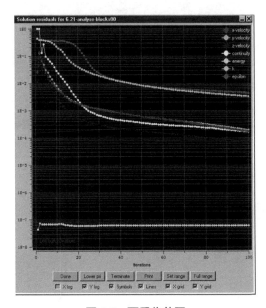

图 4-7 夏季收敛图

4.6 模拟结果

模拟结果得到 1.5m 高的夏季风速图，如图 4-8 所示。由图中可以看出，小区内风速较高区域集中在小区北端临东部和和南端临东部区域，主要原因是夏季城市主导风向为东南风，该区域位于城市主导风向上风口，且对应东南侧建筑间距较大，是理想的通风风道。而由于风速的衰减以及西侧建筑物的遮挡，小区中央区域、建筑物背风区域和下风向风速相对上风向较低，阻挡了气流的通行，尤其中心广场部分区域存在静风区域。

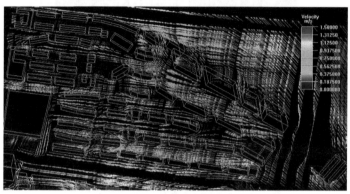

图 4-8 夏季模拟后风速图

4.7 冬季模拟

研究对象为夏热冬冷地区的城市住区，因此对住宅小区冬季的室外风环境状况也进行了模拟。采用与夏季模拟一致的模拟范围和几何模型，改变模拟的初始边界条件。根据收集的气象数据，当地冬季主导风向为北风，拟定 10m 高处平均风速为 1.8m/s。冬季模拟中将模拟域 ROOM 的外部环境温度与辐射温度设置为合肥 2013 年 12 月白天平均气温 8℃，其 Gauge pressure（表压）压力设置为 0pa，模拟中空气相对湿度设置为合肥当地 12 月平均湿度 40%，空气的初始条件中温度也设置为气温

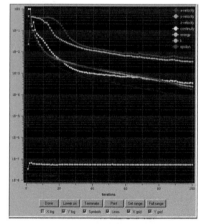

图 4-9 冬季收敛图

8℃。由于模拟达到稳态的过程较快，空气初始速度设置为零即可。模拟计算结果如图 4-9 和图 4-10 所示。

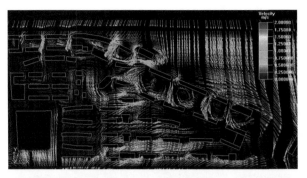

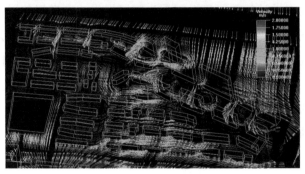

图 4-10　冬季模拟后风速图

由图 4-10 可以看出，住区内风速普遍不高，主要原因是冬季城市主导风向为北风，沿北面布置高层建筑遮挡了主导风向的进入，当垂直于北面高层住宅外界面的气流遇到障碍物后在其背风向一定距离内产生很长的风影区，风影区内即住区内部，风速减小到约为遇到障碍物前风速的一半，且风向改变，形成涡流。[57]因此在夏热冬冷地区，风影区会造成一定距离下风向建筑通风效果减弱。

4.8　本章小结

结合当地实际气候情况下，本章采用 Airpak 模拟软件对该住宅小区风环境进行数值模拟，根据气象数据显示拟定 10m 高处平均风速为 1.8~2.4m/s，对夏冬季模拟采用一致的模拟范围和几何模型，但是改变模拟的初始边界条件。通过几何建模、计算流域的确定、网格划分、边界条件的选取、参考压力位置的确定、湍流模型的选择、求解参数的设置等步骤方法，最终得到该住区夏冬两季通风状况的模拟图，并分析了住区内部的计算机模拟通风状况。

5 城市住区室外环境空气负离子浓度的时空分布研究

5.1 实测数据获取

5.1.1 实测样点选点原则

城市住区规划设计的首要目标就是为居民提供一个良好的居住及生活环境，住区内不同区域的微气候状况具有很大的差异性，这些微气候包括光环境、风环境、热环境等各种气候要素与土壤、水资源、生物多样性分布及生态植被等环境要素的综合[57]，其中风环境是对建筑环境产生影响较大的微气候要素之一。

不同住区的规划布局对区域内气流循环、风向及风速都具有一定的影响，决定了住区环境的通风效果。而空气中的负离子和污染物等扩散都是靠空气的流动来传送的，影响了住区微气候环境状况，直接影响建筑环境的空气质量以及人的健康和舒适性程度。因此，对住区实测样点的布点主要从以下几个方面展开：

1. 规划布局

住区内规划布局影响了气流在建筑中的运行状况，例如通风口不畅会阻挡下风口建筑室内外环境的通风效果，而建筑布局形成的狭管效应则会利于气流的流动。

（1）行列式和自由式

行列式和自由式布局是住区规划中两种典型的布局模式。由图 5-1 可以看出，行列式布局较为规整有序，自由式布局则较为丰富灵活，这两种模式对建筑外部环境的通风状况存在着很大的差异性。纯粹的多层住宅行列式布局方式较为传统，其形成的空间关系比较规整连续，容易在建筑背风面造成风影区，降低风速不利于空气的流动，从而影响夏季居民对外部空间的使用率和舒适度要求。自由式布局中建筑前后左右均可以相互错开，灵活布置，不仅能够达到良好的采光需求，而且在相同的建筑密度及容积率条件下增加了住区的公共室外空间和活动场地，改善了住区环境的通风状况同时也营造出丰富的住区空间关系。但要注意避免空间过度自由而呈现出无序的状态，会带来不可预见性的因素，从而影响气流运行的稳定性而导致住区风环境趋向复杂。Givoni[151] 的研究表明，风向与建筑夹角在 30~60° 时，夏季室内穿堂风通畅，且风速比较均匀稳定。而冬季关闭窗户可使风力顺建筑表面平滑地移走，从而减小空气流动与建筑表面的摩擦造成的建筑失热。因此自由式布局减小了建筑正压区迎风面面积，缩小了背风向的负压区范围，减缓了建筑对气流的遮挡在负压区造成的不稳定风场，使住区内的通风状况更加通畅[57]。

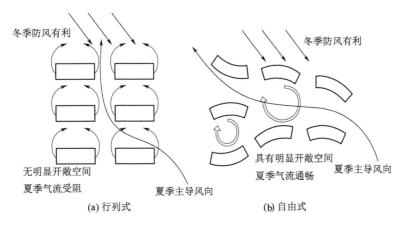

冬季防风有利

无明显开敞空间
夏季气流受阻

夏季主导风向

(a) 行列式

冬季防风有利

具有明显开敞空间
夏季气流通畅

夏季主导风向

(b) 自由式

图 5-1　行列式和自由式布局对比

（2）行列规整式和行列错落式

行列式布局包括行列规整式和行列错落式，两种布局方式对建筑的通风状况产生不同的效果。在规整式布局下，当气流运动的方向与建筑物迎风面垂直时，为了保证后排建筑物的自然通风以及下风向建筑的迎风面气流速度，建筑群体前后排间距达到上风口向建筑高度的 7 倍以上为宜[57]。而在错落式布局下，当建筑的横向布局与主导风向平行时，在保证建筑适当密度以及不影响前后排建筑通风的前提下，缩短前后排建筑间距，不仅能够形成规模较大的局部开敞空间，同时也有利于住区建筑群在夏季获得良好的微气候环境。

如图 5-2 所示，当建筑物的迎风面与气流运动方向呈现出一定夹角时，建筑群迎风面有效跨度的缩小，在夏季将有利于形成较为均匀的室内外风环境。而冬季则恰恰情况相反，规整式布局在垂直于气流运动方向上，会最大限度地减弱冬季室外环境的风速。

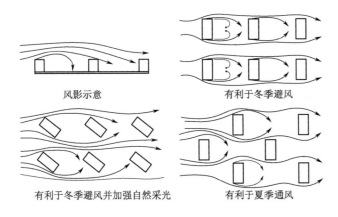

风影示意

有利于冬季避风

有利于冬季避风并加强自然采光

有利于夏季通风

图 5-2　不同规划布局方式的风影示意

图片来源：Victor Olgyay. Design with climate[M]. NewJersey ： Princeton University Press, 1963：101.

　　建筑布局的不同对建筑上风向和下风向的气流运行状况也产生一定的影响。通风不畅是上风口建筑阻挡的结果，在其背风面形成了涡流，阻碍了下风向建筑室内外空间内的通风效果[57]。对比模拟风速图4-8和图4-10，由图5-3中可以看出（a）图为实测样点1示意，（b）图为实测样点2和3的示意，两者不同形体的展开模式对气流的运动走向、室内通风状况产生了不同的作用。曲线形展开使气流发生流线型平滑移动，限定了气流的运动方向，减少了建筑负压区风速及风压的大小，从而引导气流朝有利方向发展。因此，在相同的风向投射面面宽条件下，曲线形展开模式的建筑长度可以达到最大。同时在满足日照间距要求下，曲线形展开模式相当于改变了建筑迎风面与风向的角度关系，减小了下风向建筑涡流区的大小及强度，其形成的风环境对于住区建筑布局的通风状况有很大的改善[152]。

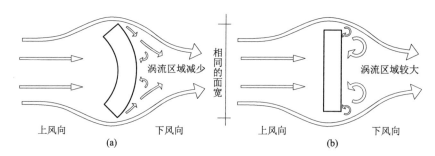

图 5-3　曲线形展开与直线形展开的建筑外部气流运行比较

图片来源：陈飞.建筑与气候——夏热冬冷地区建筑风环境研究[D].上海：同济大学，2007：75.

　　由模拟风速图4-8和图4-10可以看出，住区内西侧部分的建筑多为行列式布局，其中包括行列规整式和行列错落式布局；而东侧部分则相对灵活，多为自由式布局。因此根据不同模式的规划布局和单体建筑的展开形式，选择通风状况有差异的区域进行测试对比，进一步研究建筑布局对通风和空气负离子浓度的影响。

　　2. 空间形态

　　住区内气流运动的稳定是不断激发并保持空气负离子浓度的主要动力，同时也是保证住区内居民身体健康舒适的重要因素。夏热冬冷地区多数城市的风环境属于季节变化型，因此在住区空间形态上布局要满足夏季自然通风的畅通与稳定，缓解因气流不稳定带来的风速降低而影响空气负离子的浓度，同时也要避免冬季寒风过大的风速，缓解通风带来的能耗增加。

　　住区室外空间的设计应加强夏季穿堂风的运行，不至于造成一定的阻碍，要避免把室外活动性空间布置在大体量或者高层住宅的风影区内。尤其开敞空间的设计是气流运行的主要通道（图5-4），开敞空间规模越大，在气流运动方向上涉及的范围越广，越容易恢复被建筑或其他遮挡物改变后的风速[57]，对行人高度的通风状况改善起到重要作用，也有利于激发并保持空气负离子的浓度。

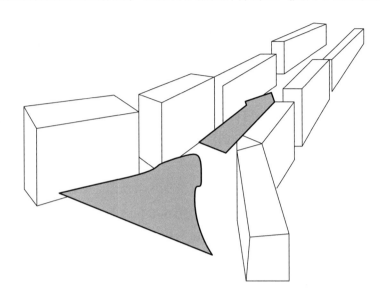

图 5-4　开敞空间利于引导气流

图片来源：陈飞. 建筑与气候——夏热冬冷地区建筑风环境研究 [D]. 上海：同济大学，2007：86.

　　住区内建筑群开敞空间的大小及规模与建筑群布局的紧凑与分散模式也存在关联，紧凑与分散的程度在不同的气候条件下有相对的灵活性和适用性。图 5-5（a）的行列式布局中开敞空间不明显，较为封闭，从而使夏季气流运行受阻；图 5-5（b）的布局中，在夏季主导风向上风向界面处以自由式布局为主，开敞空间明显，通过连续线形的开敞空间引导气流的运行，有利于住区室外通风状况的改善；同时在冬季主导风向的上风向界面又以行列式布局为主，在冬季防风上具有优势。整体表现为南部偏重于开敞，北部偏重于紧凑的特征。

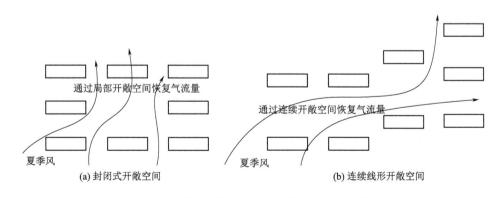

图 5-5　封闭式开敞空间与连续线形开敞空间模式

图片来源：陈飞. 建筑与气候——夏热冬冷地区建筑风环境研究 [D]. 上海：同济大学，2007：76.

由模拟风速图4-8和图4-10中可以看出，住区北向布置多为高层住宅，偏重于紧凑型的空间特征。因此根据开敞空间的规模和大小程度，选择风速有差异的区域进行测试对比，进一步研究空间形态对通风和空气负离子浓度的影响。

3.建筑密度

高密度建筑利于土地的集约利用，同时高层建筑的衍生技术不断发展也促进了住区往高密度发展的趋势。建筑高密度主要表现在建筑密度、建筑高度以及体量上。研究表明，住区对于主导风向的削减作用与建筑物的高低和密度有直接关系。建筑高度会对阻挡地面气流的运动从而降低空气流速，使得场地地表面处的平均风速相对开敞区域而言呈逐渐减小趋势。如图5-6所示，可以看出城市边界气流依据竖向高度的不同而存在很大差别[57]。图5-6（a）反映了不同地区的相对风速的不同，图5-6（b）中反映了不同地区风力作用造成的风压差。

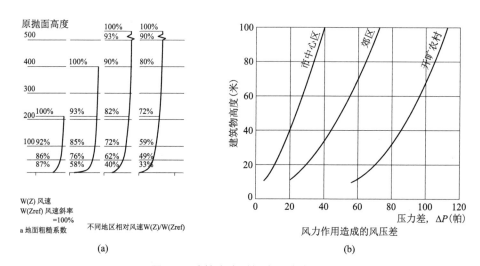

图5-6 建筑高度对气流运动的影响

图片来源：Klaus Daniels. Low-tech, Light-tech, High-tech[M]. Boston：Birkhauser Publish, 1998：62.

1）建筑高度

由于高低不齐的建筑物阻碍和摩擦而消耗了气流不少动能，所以风速会有所降低[153]。高层建筑的建筑高度和体量大，局部空间某点的风速可能变大变强，有利于空气负离子的激发产生，但同时也会给下风向的建筑室外空间环境带来一定的负面影响。研究表明随着高度的增加，风压不断地加大。据统计，在5层楼面处，风速比地表面高出20%，在16层楼地面处，风速增加50%，在35层楼地面处，风速增加120%[154]。另外，气流在高层建筑上部受阻，转而顺建筑表面向下运动，到达建筑底部，与地面水平向气流混合，容易引起建筑底部室外风环境的复杂化，

[57] 如图 5-7 所示。

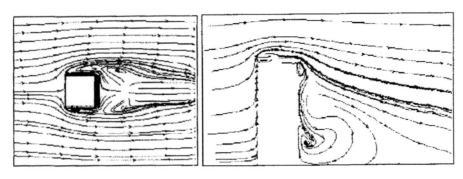

（a）建筑物高度 1/2 处水平面流线图　　　　（b）建筑物中心竖直剖面流线图

图 5-7　建筑物周围气流环境 CFD 模拟

图片来源：王远成，吴文权. 不同形状建筑物周围风环境的研究 [J]. 上海理工大学学报 ,2004,26(1)：22.

2）高低层建筑组合

高低层建筑组合方式的不同对环境的通风状况产生不同的效果。由于风速是随着建筑高度的增加而不断加强，高低层建筑的搭配布局方式直接影响到群体建筑之间的风场。不同建筑物在相应范围内构成多个不同的气场，在同一空间存在，相互之间产生干扰。建筑物之间的间距越小，风漩涡越没有充分发展的空间，干扰就越大[57]。

如图 5-8 所示，当低层建筑布置在高层建筑的上风向时，高层建筑的上层风环境受低层建筑影响较小。在近地面处，气流在遇到低层建筑物时受阻，在其背风向不大区域产生风影。当高层建筑布置在低层建筑的上风向时，且高层建筑的面宽大于低层建筑面宽，气流经过高层建筑或大体量建筑时，运动方向发生转变，一部分上升越过屋顶，另一部分下降到达地面，第三部分绕过建筑侧边向背后运动。这三股气流的比例与建筑体量及高度存在很大关系。面宽越大，高度越高，建筑风影区及涡流产生的范围也越大[57]。如果低层建筑与高层建筑的间距在高层建筑产生的风影区以内，将会直接影响低层建筑室内外环境的通风状况。

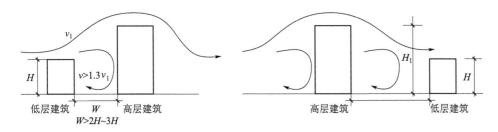

图 5-8　高低层建筑组合对气流运行的影响

由模拟风速图 4-8 和图 4-10 可以看出，不同建筑密度区域周围风速存在着一定的变化，因此根据住区内高、多、低层建筑的布局情况，选择风速有差异的区域进行测试对比，进一步研究建筑密度对通风和空气负离子浓度的影响。

4. 交通路网

城市住区内风速的差异除上述原因外，在很大程度上还取决于内部交通路网的走向和高宽比的不同，交通路网的形态决定了道路两侧建筑物的间距、结构以及布局方式，这种不同使风与道路的交角发生变化，从而导致气流方向的改变[134]，直接影响了住区的通风状况。

1）交通路网的走向

不同的道路走向在改善住区通风状况方面发挥着各自不同的作用。线形道路是气流运行的主要通道，有利于空气的流通；而相互垂直的道路则一定程度上会降低风速。周淑贞等人[153]研究表明，在盛行风向和街道走向垂直的情况下，两排建筑之间的街道上会出现涡旋和升降气流。街道上的风速受到建筑物的阻碍会减小，产生"风影区"，风速极微，如图 5-9 所示。但当盛行风向与街道走向一致，则因狭管效应，街道风速会远远比开旷地区强。如果盛行风向与街道两侧建筑物成一定交角，则气流呈螺旋形涡动，有一定水平分量沿街道运行，如图 5-10 所示。

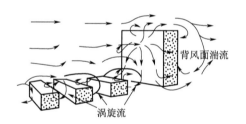

图 5-9　气流经过几栋同高度建筑物后，再遇到高层建筑的变化情况

图片来源：周淑贞，束炯 编著. 城市气候学 [M]. 北京：气象出版社,1994 ： 408.

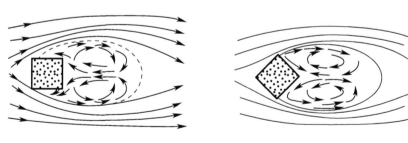

（a）建筑物方位垂直与气流时的流线平面图　　　　（b）建筑物方位斜交于气流时的流线平面图

图 5-10　盛行风与建筑物成不同角度时气流的变化

图片来源：周淑贞，束炯 编著. 城市气候学 [M]. 北京：气象出版社,1994 ： 406.

Givoni[151]的研究表明，道路走向为东西向时，与夏季东南风向呈45°夹角可同时满足夏季自然通风和冬季防北风的双重需求。道路两侧建筑布局方位与住区环境的通风状况也有着直接的关系。当街道走向与城市主导风向垂直、沿街建筑的主立面与街道平行时，气流运动阻碍最大，道路行人高度及建筑物内风速最小；当道路走向与主导风向平行或形成的夹角大于45°、沿街建筑物的正立面平行于主要道路走向时，道路风速最大，而建筑物内部很难形成有效的穿堂风；当道路与主导风向夹角呈30~60°夹角时，建筑平行或垂直于主要道路均可以获得良好的穿堂风，道路风速及建筑室内的穿堂风较大。

2）交通路网的空间尺度

夏热冬冷地区多数城市夏季盛行南风或东南风，冬季盛行北风或西北风，主要交通路网的空间尺度及空间关系是影响城市住区通风状况的因素之一。Givoni[152]通过对街道不同高度CO浓度进行测试研究，得出街道两侧建筑高度、风速以及CO浓度之间的量化关系。同时通过对城市不同区域内不同尺度的街道进行测试发现，夏季上午狭窄街道内的温度高于宽敞街道内的温度，下午则完全相反；而冬季的情况又正好相反，这种差异性的形成主要是由于太阳辐射和建筑密度的不同，从而形成不同的建筑阴影及通风状况所致。因此交通路网的形态直接关联到气流的运动方式并对人的健康和舒适度产生影响。

由模拟风速图4-8和图4-10可以看出，交通路网的形态对周边气流的运行产生不同的效果。因此根据住区内交通道路与气流运动方向呈不同夹角的明显和大小程度，选择风速有差异的区域进行测试对比，进一步研究交通路网对通风和空气负离子浓度的影响。

5. 植物绿化

住区内的植物绿化与建筑通风存在一定的制约关系，植物绿化在调节建筑气候环境的过程中，对气流也具有引导作用。作为双极气候的调节剂，其种类、高度、位置以及配置应依据季节性变化而进行设计，不仅可以改善住区内夏冬两季的建筑通风状况，同时对建筑周围环境的空气负离子浓度也能产生影响。

1）植物绿化的种类

由于树木的枝冠茂密具有较强的降低气流运动的作用，随着风速的降低，空气中携带的大量颗粒尘也下降到树木的叶片或地面上，也就是说树木通过对气流运动的影响而影响了起尘和降尘过程。因此，虽然树木绿化减缓了空气的流动性，但是同时也起了降尘和滞尘的作用。

相对于高大的乔木，低矮的绿地灌木上部开敞，有利于气流的运动，但是增加了地表粗糙程度，空气经过地表面时，受到了摩擦力的作用，空气流动的速度减低了，风速也相应地降低。地表粗糙度越大，作用于空气的摩擦力也就越大，相应的风速减小的也就越多。

植物的尖端放电效应使得树木产生的萜烯类物质多，能产生大量的负离子，因此虽然降低了风速但是也同时在激发负离子，总体来说植物对空气负离子浓度的提高起到了积极的作用。

2）植物绿化的位置

高密度的植物绿化分布对气流的运动方向具有强烈的引导作用。图 5-11（a）中树木与建筑呈围合关系直接引导气流进入室内，最有利于室内空间的自然通风；图 5-11（b）中气流在运行中受到树木的阻挡后反向运动，正反两股气流相混合是极不利于通风的；图 5-11（c）中气流从建筑两侧滑过，对建筑本身以及其下风向建筑的通风则比较有利[57]。

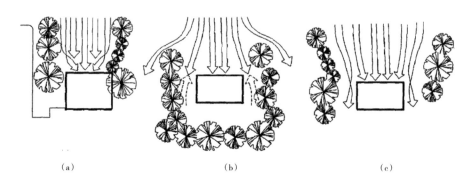

（a）   （b）   （c）

图 5-11　植物绿化的不同位置对气流运动方向的影响

图片来源：Ivor Richards. T.R.Hamzah and Yeang ：Ecology of the sky[M]. Australia：The Images Publishing Group Ltd., 2001：74.

3）植物绿化的配置

不同配置的植物绿化对引导气流也起到不同的作用，乔木、灌木和稠密的树篱合理配置可以有效地引导气流并增加风速。高大的乔木底部敞开有利于气流向上移动。建筑物北向布置大量的常青树种作为冬季防风林，可以避开北向寒风的影响，有利于冬季建筑的节能保温。南向布置落叶乔木不仅可以阻碍夏季太阳辐射，同时也能保证冬季建筑南向具有良好的日照，并且有益于清除空气污染。

由于植物绿化的计算机模拟较难实现，同时植物绿化产生负离子是一个复杂的生理过程[97]，因此在本书中受测试条件所限，在实测样点的环境分析中，周边的绿化环境仅作为对比实测中风速增大或减小的衡量和参考。

综上所述，根据以上几点原则选择样点并分布均匀的设置，如图 5-12~ 图 5-14 所示。各实测样点具体分析其建筑环境特征分析，见表 5-1 所列。

样点 1

样点 8

样点 3

样点 4

样点 5

样点 6

样点 7

样点 9

图 5-12　实测样点的实景照片

样点 10　　　　　　　　　　　　　　　　样点 11

样点 2　　　　　　　　　　　　　　　　样点 12

图 5-12　实测样点的实景照片（续）

图 5-13 实测样点夏季分布图

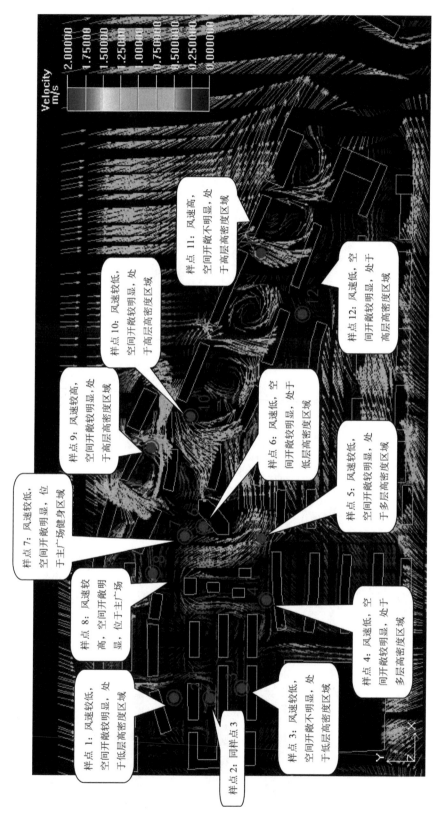

图 5-14　实测样点冬季分布图

各实测样点建筑环境特征分析

表 5-1

实测样点	规划布局	空间形态	建筑密度	交通路网	植物绿化		其他
样点 1	行列式规整布局	较明显开敞空间	低层高密度	与风向斜交	简单植被配置	高大乔木为主	人员聚集较多
样点 2	行列式规整布局	无明显开敞空间	多层高密度	与风向斜交	简单植被配置	灌草为主	人员聚集较一般
样点 3	行列式规整布局	无明显开敞空间	多层高密度	与风向斜交	简单植被配置	灌草为主	人员聚集较一般
样点 4	自由式布局	较明显开敞空间	多层高密度	与风向斜交	复层结构		人员聚集较一般
样点 5	自由式布局	较明显开敞空间	多层高密度	与风向斜交	简单植被配置	灌草为主	人员聚集较一般
样点 6	自由式布局	较明显开敞空间	低层高密度	与风向斜交	复层结构	静态水体多	人员聚集较多
样点 7	自由式布局	无明显开敞空间	主广场	与风向斜交	水体		人员聚集较多
样点 8	自由式布局	明显开敞空间	主广场	与风向平行	硬地		人员聚集多
样点 9	自由式布局	较明显开敞空间	高层高密度	与风向斜交	简单植被配置	乔草结构为主	人员聚集较一般
样点 10	自由式布局	较明显开敞空间	高层高密度	与风向平行	单一配置	草坪	人员聚集较一般
样点 11	自由式布局	无明显开敞空间	高层高密度	与风向平行	复层结构	灌草为主	人员聚集较一般
样点 12	自由式布局	较明显开敞空间	高层高密度	与风向斜交	复层结构		人员聚集较一般

说明：复层结构主要指乔灌草结构，简单植被配置结构包括乔灌、乔草、灌草、单一配置结构包括乔灌草坪、稀乔、稀灌草[126]。

5.1.2 实地观测

根据样点选择方法及标准，应用空气负离子测试仪、记录仪和风速仪等精确记录采样点的空气负离子浓度、风速、温度、湿度以及时间等。观测记录见表5-2。空气负离子浓度选择在夏季（6—8月）、秋季（9—11月）和冬季（12月至次年2月）测定，分次完成。夏季在2013年8月下旬，秋季在11月下旬，冬季在2013年12月下旬和2014年1月中上旬，每个季度测定天数各4天，在每天的8：00—17：30对各调查样点间隔半个小时进行测定，各样点测定时间在一天内尽量分布均匀，同步观测风速、温度和相对湿度等。

住区各实测样点空气离子浓度调查表　　　　　　表5-2

样点编号			
样点位置		栋楼	
测定时间		月　日　时　分	
样点环境特征		周围活动人群：	
		周围植被、土壤负离子含量：	
空气负离子浓度 (ion/cm³)			
最大值		平均值	
风速		测定时长 (min)	
湿度		温度	
空气正离子浓度 (ion/cm³)			
最大值		平均值	
风速		测定时长 (min)	
湿度		温度	

调查人（签名）：

5.2　实测数据处理

空气负离子测试仪和风速仪设定以s为单位，将其保存为.xls格式文件，在Excel中对数据进行筛选排序后取平均值，见表5-3~表5-14所列。

5.2.1　夏季数据

2013年8月28日至31日，实测4天居住区室外环境空气离子浓度、风速、温度和湿度等数据，见表5-3~表5-6所列。对统计表格进行对比分析，得出空气

108

负离子与各环境影响因子的对比柱状图，如图 5-15 所示。

2013 年 8 月 28 日住区室外环境空气离子浓度与风速、温湿度观测表　　表 5-3

时间	负离子浓度 (ion/cm³)	最大负离子浓度 (ion/cm³)	正离子浓度 (ion/cm³)	风速 (m/s)	温度 (℃)	湿度（%）
8：00	721	1900	736	1.3	28.0	73.95
8：30	512	1500	627	2.0	29.4	71.5
9：00	200	1200	446	1.8	35.8	44.3
9：30	221	800	260	1.6	39.1	42.8
10：00	974	2300	407	1.0	36.5	61.7
10：30	100	100	0	1.1	33.1	66.2
11：00	100	100	0	0.8	33.6	60.3
11：30	100	100	0	0.71	33.9	61
14：00	178	200	0	1.82	32	54.8
14：30	220	300	0	0.88	34.8	45.8
15：00	209	300	0	2.8	34.8	63.1
15：30	218	300	0	0.81	35.7	55.6
16：00	195	200	0	0.7	38.9	56.8
16：30	100	100	0	0.72	35.2	59
17：00	138	200	0	0.81	33.8	63.8
17：30	116	200	0	0.68	32.7	67.8

2013 年 8 月 29 日住区室外环境空气离子浓度与风速、温湿度观测表　　表 5-4

时间	负离子浓度 (ion/cm³)	最大负离子浓度 (ion/cm³)	正离子浓度 (ion/cm³)	风速 (m/s)	温度 (℃)	湿度 (%)
8：00	100	100	0	0.77	28.7	73.2
8：30	100	100	0	0.66	29.8	65
9：00	101	200	0	1.07	32.7	63.7
9：30	100	100	0	0.62	31.6	59.3
10：00	101	400	0	1.28	34.7	58.5
10：30	100	100	0	0.74	31.2	65.8

续表

时间	负离子浓度 (ion/cm³)	最大负离子浓度 (ion/cm³)	正离子浓度 (ion/cm³)	风速 (m/s)	温度 (℃)	湿度 (%)
11：00	100	100	1256	0.67	31.6	59.4
11：30	192	1300	760	0.60	32.7	55.1
14：00	320	1700	384	0.57	29.3	58.1
14：30	463	1400	481	0.87	33.2	54.2
15：00	454	1800	342	0.80	33.6	53.1
15：30	506	1200	398	0.94	34.8	55.2
16：00	216	800	362	0.62	36.4	47.2
16：30	160	400	334	1.60	33.8	52.1
17：00	255	2600	436	0.85	32.0	58.7
17：30	446	1700	387	0.27	31.2	62.1

2013 年 8 月 30 日住区室外环境空气离子浓度与风速、温湿度观测表　　表 5-5

时间	负离子浓度 (ion/cm³)	最大负离子浓度 (ion/cm³)	正离子浓度 (ion/cm³)	风速 (m/s)	温度 (℃)	湿度 (%)
8：00	235	1100	437	0.71	28.9	65.2
8：30	678	1900	411	2.69	28.2	71.3
9：00	946	2500	453	3.07	28.0	69.2
9：30	263	4700	315	0.67	33.5	52.5
10：00	234	900	209	1.17	30.4	53.1
10：30	304	900	371	0.7	30.4	62.3
11：00	441	2600	645	—	31.2	62.5
11：30	276	1300	300	0.72	31.5	65.5
14：00	364	3800	569	0.64	29.1	61.2
14：30	646	3000	519	3.35	31.3	54
15：00	724	3200	640	4.53	30.6	55.2
15：30	235	2000	484	2.06	35.6	49.5
16：00	228	1200	788	1.73	32.5	49.8
16：30	260	1800	320	0.98	30.8	53.2

续表

时间	负离子浓度 (ion/cm³)	最大负离子浓度 (ion/cm³)	正离子浓度 (ion/cm³)	风速 (m/s)	温度 (℃)	湿度 (%)
17：00	558	2300	522	1.31	30.4	52.5
17：30	385	1400	341	1.91	30.1	52.7

2013 年 8 月 31 日住区室外环境空气离子浓度与风速、温湿度观测表　　表 5-6

时间	负离子浓度 (ion/cm³)	最大负离子浓度 (ion/cm³)	正离子浓度 (ion/cm³)	风速 (m/s)	温度 (℃)	湿度 (%)
8：00	569	2300	100	0.9	25.9	49.3
8：30	219	1700	918	3.71	26.8	58.6
9：00	864	4900	711	2.63	25.2	53.6
9：30	1034	2600	729	2.53	25.6	60.9
10：00	232	1100	650	0.81	31.1	49.4
10：30	356	2200	606	1.25	28.3	52.1
11：00	318	1200	592	0.51	28	49.3
11：30	620	2000	282	0.93	28.7	50.5
14：00	448	1600	607	1.17	27.1	42.4
14：30	426	1200	713	1.8	29.6	40.8
15：00	181	900	588	2.2	31.0	34.7
15：30	946	2600	465	2.42	28.4	44.7
16：00	426	1300	342	0.83	32.8	38.2
16：30	525	1200	287	0.8	29.1	42.3
17：00	543	1600	389	0.94	28.5	41.5
17：30	419	1100	523	1.33	27.2	43.6

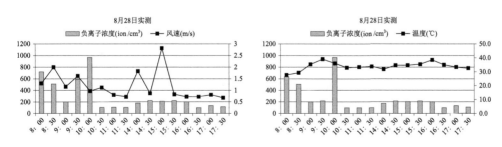

图 5-15　夏季住区室外环境空气负离子浓度与风速、温湿度、正离子关系比较图

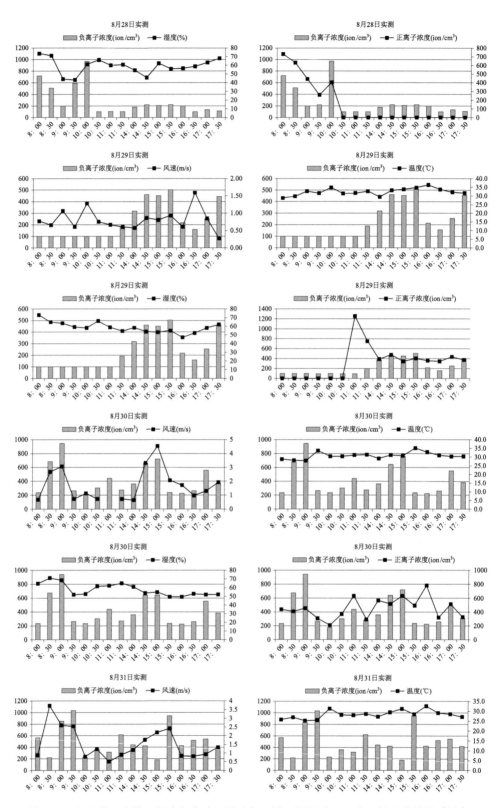

图 5-15　夏季住区室外环境空气负离子浓度与风速、温湿度、正离子关系比较图（续）

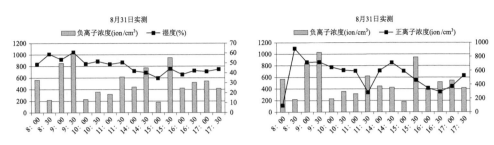

图 5-15 夏季住区室外环境空气负离子浓度与风速、温湿度、正离子关系比较图（续）

5.2.2 秋季数据

2013 年 11 月 16 日至 17 日，11 月 29 日至 30 日，实测 4 天居住区室外环境空气离子浓度、风速、温度和湿度等数据，见表 5-7~ 表 5-10 所列。对统计表格进行对比分析，得出空气负离子与各环境影响因子的对比柱状图，如图 5-16 所示。

2013 年 11 月 16 日住区室外环境空气离子浓度与风速、温湿度观测表　　表 5-7

时间	负离子浓度 (ion/cm³)	最大负离子浓度 (ion/cm³)	正离子浓度 (ion/cm³)	风速 (m/s)	温度 (℃)	湿度 (%)
8：00	524	5900	568	0.96	15.8	46.9
8：30	332	1600	1014	1.77	16.5	44.7
9：00	355	1600	322	0.71	17.4	36.6
9：30	272	1000	996	2.21	19.8	41.8
10：00	252	1300	955	0.73	21.4	32.2
10：30	243	4400	443	0.53	27.0	25.8
11：00	212	900	859	0.65	24.9	24.8
11：30	365	2000	636	0.64	21.0	25.2
14：00	136	200	1271	1.74	18.7	22
14：30	284	1100	819	1.24	19.3	24
15：00	390	1700	1071	1.01	18.6	23.8
15：30	371	1200	415	1.75	17.8	24.3
16：00	250	900	1018	2.95	17.6	23.5
16：30	366	3800	341	1.64	16.5	23.2
17：00	272	4600	770	1.01	16	25.1
17：30	390	1700	491	0.72	18.6	26.9

2013 年 11 月 17 日住区室外环境空气离子浓度与风速、温湿度观测表　　表 5-8

时间	负离子浓度 (ion/cm³)	最大负离子浓度 (ion/cm³)	正离子浓度 (ion/cm³)	风速 (m/s)	温度 (℃)	湿度 (%)
8：00	165	400	820	0.58	15.2	27.9
8：30	238	700	755	1.39	14.0	25.5
9：00	272	1700	931	1.11	15.1	22.4
9：30	200	400	423	1.68	15.3	22.5
10：00	422	2300	339	0.7	17.6	10.8
10：30	371	2400	174	0.57	22.8	11.9
11：00	329	1100	206	0.59	26.0	10.6
11：30	412	3200	160	0.69	19.9	13.7
14：00	684	2500	232	0.68	19.3	12.7
14：30	491	2100	207	0.58	20.5	10.9
15：00	317	900	290	0.86	19.9	12.6
15：30	150	700	750	1.52	19.5	8.2
16：00	325	1700	402	0.79	18	13.2
16：30	471	1700	280		15.1	27
17：00	568	8300	495		14	25
17：30	896	3100	476		13.6	26.3

2013 年 11 月 29 日住区室外环境空气离子浓度与风速、温湿度观测表　　表 5-9

时间	负离子浓度 (ion/cm³)	最大负离子浓度 (ion/cm³)	正离子浓度 (ion/cm³)	风速 (m/s)	温度 (℃)	湿度 (%)
8：00	291	1700	1464	1	9.5	34.2
8：30	255	800	461	1.23	8.5	25.6
9：00	323	1900	223	1.62	11.1	19.2
9：30	388	4200	519	1.51	15.0	12.3
10：00	211	1200	1041	2.18	16.6	8.2
10：30	216	800	870	1.56	18.6	8.9
11：00	641	5500	1147	2.02	17.1	6.2
11：30	120	200	2320	1.69	18.2	14.2

续表

时间	负离子浓度 (ion/cm³)	最大负离子浓度 (ion/cm³)	正离子浓度 (ion/cm³)	风速 (m/s)	温度 (℃)	湿度 (%)
14：00	293	2000	850	2.81	15	11.8
14：30	262	700	1262	3.06	15.4	14.9
15：00	223	900	717	1.1	13.7	13.7
15：30	533	3000	1133	1.42	14	11.3
16：00	223	800	415	1.03	13.1	14.4
16：30	460	1000	260	1.36	9.1	29.6
17：00	406	4200	1821	0	8.3	24
17：30	428	2000	1483	0	9.3	28.4

2013 年 11 月 30 日住区室外环境空气离子浓度与风速、温湿度观测表　　表 5-10

时间	负离子浓度 (ion/cm³)	最大负离子浓度 (ion/cm³)	正离子浓度 (ion/cm³)	风速 (m/s)	温度 (℃)	湿度 (%)
8：00	136	300	1682	1.38	12.2	32.2
8：30	240	400	1260	1.71	10.2	37.1
9：00	364	1300	827	0.27	11.4	37.2
9：30	267	2100	587	1.59	15.7	24.4
10：00	286	2200	676	0.60	15.4	20.0
10：30	232	1600	721	1.85	21.4	19.0
11：00	229	1300	535	0.73	22.4	15.2
11：30	259	2400	732	0.00	19.7	27.4
14：00	411	2100	1603	0.67	16.3	22.5
14：30	423	1500	1141	0.56	18.1	29.5
15：00	329	4700	0	2.43	18.7	16.7
15：30	565	2500	326	1.91	17.1	16.9
16：00	329	2600	710	1.76	15.9	19.3
16：30	300	2200	507	1.74	14.9	21.9
17：00	296	2500	626	0.77	13.7	31.4
17：30	380	3200	902	0.62	12.2	42.4

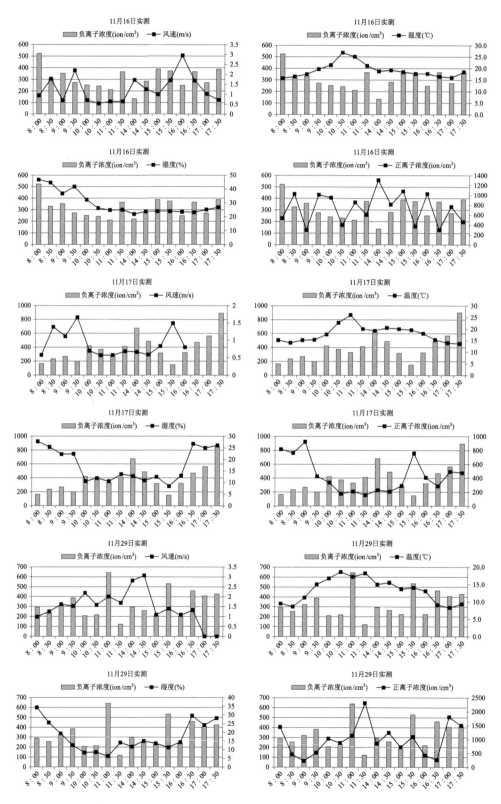

图5-16　秋季住区室外环境空气负离子浓度与风速、温湿度、正离子关系比较图

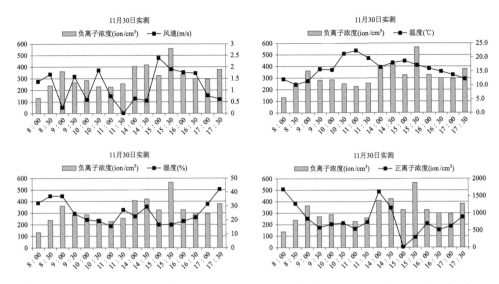

图 5-16 秋季住区室外环境空气负离子浓度与风速、温湿度、正离子关系比较图（续）

5.2.3 冬季数据

2013 年 12 月 20 日至 21 日，2014 年 1 月 9 日，1 月 15 日，实测 4 天居住区室外环境空气离子浓度、风速、温度和湿度等数据，见表 5-11~ 表 5-14 所列。对统计表格进行对比分析，得出空气负离子与各环境影响因子的对比柱状图，如图 5-17 所示。

2013 年 12 月 20 日住区室外环境空气离子浓度与风速、温湿度观测表　　　表 5-11

时间	负离子浓度 (ion/cm³)	最大负离子浓度 (ion/cm³)	正离子浓度 (ion/cm³)	风速 (m/s)	温度 (℃)	湿度 (%)
8：00	167	200	1071	0.98	5.6	58.9
8：30	250	300	590	0.73	4.6	57.5
9：00	426	1300	669	0.64	4.5	60.7
9：30	245	900	526	0.8	5.6	55.3
10：00	309	1300	331	1.01	7.1	48.3
10：30	283	1100	390	1.02	9.0	40.7
11：00	224	700	279	0.88	9.6	38.4
11：30	262	800	240	0.8	9.9	41.9
14：00	406	1700	866	0.58	13.6	23.4
14：30	324	1000	1203	1.53	9.2	28.7

续表

时间	负离子浓度 (ion/cm³)	最大负离子浓度 (ion/cm³)	正离子浓度 (ion/cm³)	风速 (m/s)	温度 (℃)	湿度 (%)
15：00	356	1100	279	0.64	8.7	28.4
15：30	421	9600	422	1.07	9.6	26.5
16：00	269	1600	867	0.88	8.6	22.1
16：30	314	800	827	0.6	6.1	35.2
17：00	239	900	909	0.31	5.6	39.7
17：30	323	1300	281	0.83	5.7	39.7

2013 年 12 月 21 日住区室外环境空气离子浓度与风速、温湿度观测表   表 5-12

时间	负离子浓度 (ion/cm³)	最大负离子浓度 (ion/cm³)	正离子浓度 (ion/cm³)	风速 (m/s)	温度 (℃)	湿度 (%)
8：00	175	400	2488	0.51	10.3	24.4
8：30	328	1400	1711	2.99	5.0	31
9：00	300	700	709	0.81	3.6	43.1
9：30	462	1100	292	1.73	4.8	41.3
10：00	342	800	285	0.88	7.4	30.3
10：30	285	800	457	0.58	9.9	22.9
11：00	235	1300	1043	0.61	10.6	15.8
11：30	230	700	200	0.76	8.7	44.4
14：00	100	100	724	0.53	11.6	14.7
14：30	413	1700	1648	1.31	8.1	15.6
15：00	622	1900	752	0.91	10.7	10.1
15：30	296	1400	965	0.52	8.1	19.6
16：00	466	7300	755	0.69	6.8	18.6
16：30	371	3900	205	0.50	6.5	18.4
17：00	538	5500	646	0.99	5.9	20
17：30	456	2200	346	0.41	5.9	25.4

2014 年 1 月 9 日住区室外环境空气离子浓度与风速、温湿度观测表　　表 5-13

时间	负离子浓度 (ion/cm³)	最大负离子浓度 (ion/cm³)	正离子浓度 (ion/cm³)	风速 (m/s)	温度 (℃)	湿度 (%)
8：00	280	1100	787	0.97	6.4	60.1
8：30	292	900	410	0.82	5.5	61.7
9：00	207	1100	1088	1.51	6	53.7
9：30	356	2400	824	0.89	6.6	50.1
10：00	293	1000	860	0.74	10.5	40.2
10：30	266	800	763	0.7	10.8	38.8
11：00	322	1200	659	0.69	9.8	41.3
11：30	291	800	1351	0.49	15.1	46.4
14：00	324	1000	1018	0.81	11.6	33
14：30	383	1500	759	0.69	10.4	43.2
15：00	298	2200	549	0.51	8.5	50.4
15：30	288	1300	406	0.39	8	48.8
16：00	327	2800	954	0.51	7.4	45.7
16：30	333	1000	804	0.32	7	48.9
17：00	333	1200	496	0.38	7	52.2
17：30	280	1100	787	0.97	6.4	60.1

2014 年 1 月 15 日住区室外环境空气离子浓度与风速、温湿度观测表　　表 5-14

时间	负离子浓度 (ion/cm³)	最大负离子浓度 (ion/cm³)	正离子浓度 (ion/cm³)	风速 (m/s)	温度 (℃)	湿度 (%)
8：00	253	700	2342	0.37	11.6	36.1
8：30	320	1800	875	0.83	5.7	57.8
9：00	287	1100	485	0.52	4.6	57.7
9：30	248	1100	595	0.52	7.9	48.6
10：00	278	1300	763	0.70	9.1	47.6
10：30	314	1300	1240	0.80	11.3	28.3
11：00	379	1500	339	0.45	9.0	47.2
11：30	304	1100	637	0.72	11.8	36.9

续表

时间	负离子浓度 (ion/cm³)	最大负离子浓度 (ion/cm³)	正离子浓度 (ion/cm³)	风速 (m/s)	温度 (℃)	湿度 (%)
14：00	334	1200	780	0.80	16.2	10.5
14：30	344	4300	169	0.89	12.2	27.8
15：00	455	2100	248	0.96	14.3	18.9
15：30	368	2200	441	0.56	14.0	21
16：00	310	1300	277	0.57	11.3	18.7
16：30	419	1500	194	0.00	9.8	28.6
17：00	314	1300	373	0.00	8.7	31.3
17：30	375	1900	170	0.00	8.1	36.2

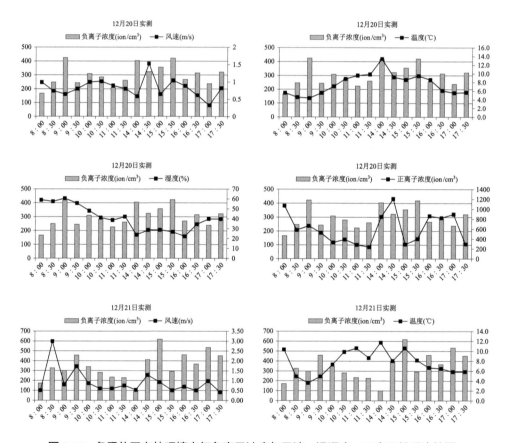

图 5-17 冬季住区室外环境空气负离子浓度与风速、温湿度、正离子关系比较图

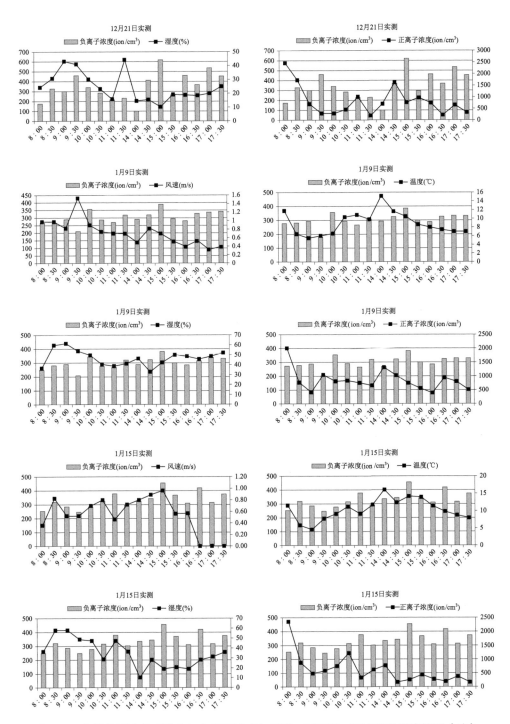

图 5-17　冬季住区室外环境空气负离子浓度与风速、温湿度、正离子关系比较图（续）

5.3 城市住区室外环境空气负离子浓度的时空分布分析

5.3.1 空气负离子随时间变动的序列分析

时间序列图指的是描述现象指标随时间变化的直观图形，利用它观察现象演变的状况。[75] 根据不同季节，对实测期间空气负离子浓度随时间变化的趋势进行分析总结。

1. 夏季数据分析

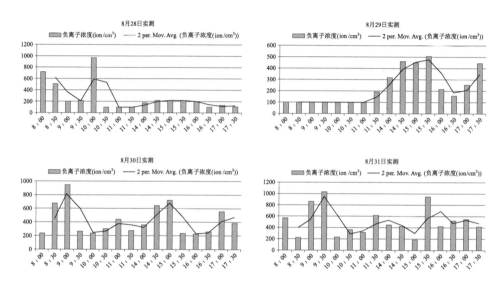

图 5-18 夏季住区室外环境空气负离子浓度变化时间序列图

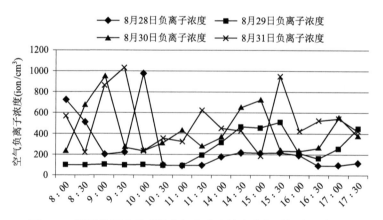

图 5-19 夏季住区室外环境空气负离子浓度变化时间序列比较图

根据表 5-3~ 表 5-6 分析得出夏季住区室外环境空气负离子浓度变化时间序列图，如图 5-18 所示。夏季数据的采集时间为 8：00—17：30，在 Excel 中生成的序列图如图 5-19 所示，9：00—9：30 和 14：30—15：30 区间的空气负离子浓度相对前后时间段较高，上午高峰释放负离子平均浓度为 528ion/cm³，最高值为 1034ion/cm³；下午高峰释放负离子平均浓度约 476ion/cm³，最高值为 946ion/cm³。10：30 和 16：30 左右负离子浓度相对前后时间段较低，平均浓度为 215ion/cm³ 和 261ion/cm³。

2. 秋季数据分析

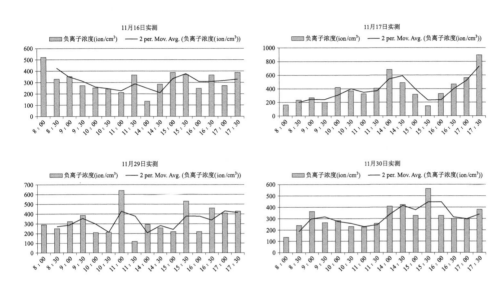

图 5-20　秋季住区室外环境空气负离子浓度变化时间序列图

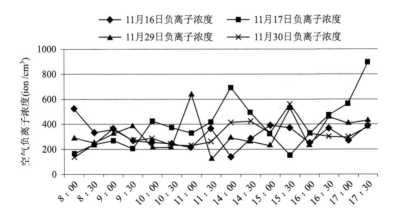

图 5-21　秋季住区室外环境空气负离子浓度变化时间序列比较图

根据表 5-7~ 表 5-10 分析得出秋季住区室外环境空气负离子浓度变化时间序列图，如图 5-20 所示。秋季数据的采集时间为 8：00—17：30，在 Excel 中生成的序列图如图 5-21 所示，9：00—10：00 和 14：00—15：30 区间的空气负离子浓度相对前后时间段较高，上午高峰释放负离子平均浓度为 329ion/cm^3，最高值为 364ion/cm^3；下午高峰释放负离子平均浓度为 405ion/cm^3，最高值为 565ion/cm^3。10：30 和 16：00 左右负离子浓度相对前后时间段较低，平均浓度为 266ion/cm^3 和 282ion/cm^3。

3. 冬季数据分析

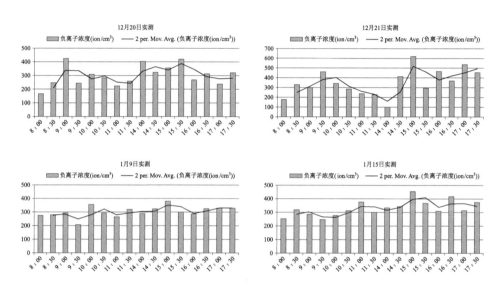

图 5-22　冬季住区室外环境空气负离子浓度变化时间序列图

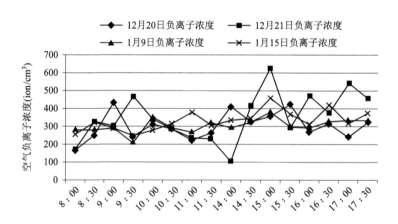

图 5-23　冬季住区室外环境空气负离子浓度变化时间序列比较图

根据表 5-11~ 表 5-14 分析得出冬季住区室外环境空气负离子浓度变化时间序列图，如图 5-22 所示。冬季数据的采集时间为 8：00—17：30，在 Excel 中生成的序列图如图 5-23 所示，9：00—10：00 和 14：30—15：30 区间的空气负离子浓度相对前后时间段较高，上午高峰释放负离子平均浓度为 385ion/cm^3，最高值为 620ion/cm^3，下午高峰释放负离子平均浓度为 401ion/cm^3，最高值为 622ion/cm^3。

8：00 和 14：00 左右负离子浓度相对前后时间段较低，平均浓度为 214ion/cm³ 和 253ion/cm³。

4. 结果分析

综上所述，由图 5-19、图 5-21 和图 5-23 可以看出，空气负离子浓度随季节变化较为明显，夏季最高，冬季最低。夏季，负离子浓度随时间变化大，实测期间最高值与最低值平均浓度差异为 313ion/cm³，其中一天之中最高值与最低值达 874ion/cm³。秋季，负离子浓度随时间变化较大，最高值与最低值平均浓度差异为 258ion/cm³，其中一天之中最高值与最低值达 746ion/cm³。冬季，负离子浓度随时间变化不大，最高值与最低值平均浓度差异为 186ion/cm³，其中一天之中最高值与最低值达 522ion/cm³。总体看来，9：00—10：00 和 14：30—15：30 区间空气负离子浓度最高，10：30 和 16：00—16：30 区间空气负离子浓度相对较低。

在同一季节，空气负离子浓度随时间变化差异很大，因此对空气负离子主要环境影响因子进行分析。根据表 5-3~ 表 5-6 得出夏季住区室外环境中风速、温度和湿度变化时间序列图，如图 5-24 所示。由图中可以看出，9：00—9：30 和 15：00—15：30 区间风速相对较高，而这一时间段的负离子浓度也偏高，11：00 和 16：00 前后时间段风速相对较低，相应的负离子浓度也偏低，两者呈现出较明显的相关性。9：00—10：00 和 15：30—16：30 区间温度相对较高，在此区间段的空气负离子浓度较高，而 8：00—8：30 和 17：00—17：30 区间温度相对较低，与负离子没有明显关系，因此两者有一定的相关性，但总体趋势关系不明确。8：00—8：30 和 17：00—17：30 区间湿度相对较大，与负离子没有明显关系，9：00—9：30 和 14：30—15：00 区间湿度相对较低，在此区间段的空气负离子浓度较高，因此两者有一定的相关性，但总体趋势关系不明确。

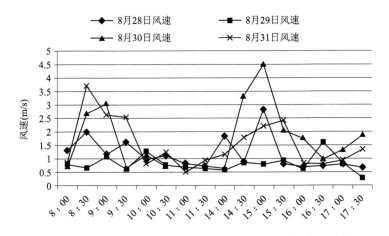

图 5-24 夏季住区室外环境风速、温度和湿度变化时间序列比较图

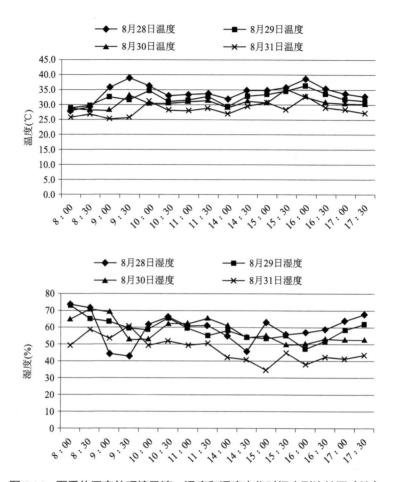

图 5-24 夏季住区室外环境风速、温度和湿度变化时间序列比较图（续）

根据表 5-7~ 表 5-10 得出秋季住区室外环境中风速、温度和湿度变化时间序列图，如图 5-25 所示。由图中可以看出，9：30 和 14：30—15：30 区间风速相对较高，而这一时间段的负离子浓度也偏高，11：00—11：30 和 17：00—17：30 前后时间段风速相对较低，与负离子浓度变化关系不明显，因此两者有一定的相关性。10：30—11：00 和 14：30—15：00 区间温度相对较高，在此区间段的下午空气负离子浓度较高，而 8：00—8：30 和 17：00—17：30 区间温度相对较低，与负离子没有明确关系，因此两者关系不明确。8：00—8：30 和 17：00—17：30 区间湿度相对较大，与负离子没有明显关系，10：00—10：30 和 15：30 区间湿度相对较低，在此区间段的空气负离子浓度较高，因此两者有一定的相关性，但总体趋势关系不明确。

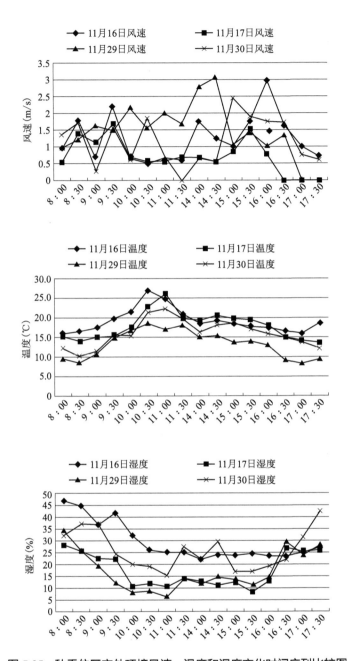

图 5-25 秋季住区室外环境风速、温度和湿度变化时间序列比较图

　　根据表 5-11~ 表 5-14 得出冬季住区室外环境中风速、温度和湿度变化时间序列图，如图 5-26 所示。由图中可以看出，9∶30 和 14∶30—15∶30 区间风速相对较高，而这一时间段的负离子浓度也是高峰值， 8∶00 和 14∶00 时间段风速相对较低，这一时间段的负离子浓度也偏低，因此两者的相关性较为明确。10∶30—11∶30 和 14∶00—15∶00 区间温度相对较高，与负离子关系不明显，而 8∶30—9∶00 和

城市住区室外环境通风与空气负离子浓度评测研究

17：00—17：30区间温度相对较低，与负离子关系不明显，因此两者关系不明确。9：30—10：30和15：30—16：30区间湿度相对较大，在此区间段负离子浓度较高，10：00—10：30和14：00—15：00区间湿度相对较低，与负离子关系不明显，因此两者有一定的相关性，但总体趋势关系不明确。

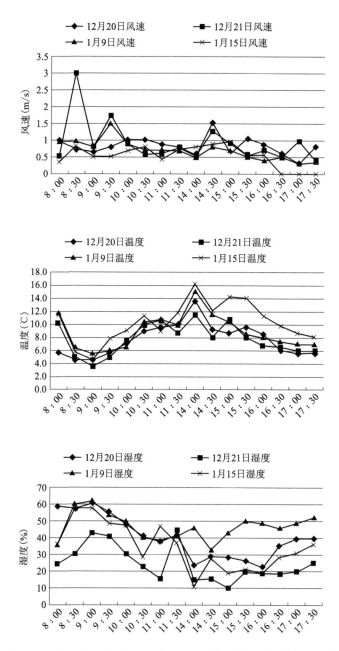

图5-26 冬季住区室外环境风速、温度和湿度变化时间序列比较图

综上所述，空气负离子浓度主要受风速、温度和湿度等环境因子的影响，高峰时期负离子浓度平均值大，相应的时间点风速也大，负离子浓度小的时间段风速也较小。而温度和湿度与负离子的关系有时呈现出相关关系，有时关系不明显。当然也受到其他随机因素的影响，例如在夏季气温随时间变化越来越高，湿度越来越小的影响，人类户外活动减少等随机因素的影响，但是这些影响不是非常关键的。因此对空气负离子与风速、温度和湿度的关系将进一步运用相关性分析的方法作进一步研究。

5.3.2 空气负离子随空间变动的序列分析

空间序列图指的是描述现象指标随空间变化的直观图形，利用它观察现象演变的状况。根据不同季节，对实测期间空气负离子浓度随空间变化的趋势进行分析总结。

1. 夏季数据分析

对各实测样点的空气负离子有效值进行统计分析，得出各样点空气负离子平均浓度分布图，如图5-27所示。由图中可以得知，负离子浓度在夏季变化较为明显，平均浓度最高值与最低值相差较大，其中样点9的负离子平均浓度最高，夏季上午平均浓度为697ion/cm³，下午平均浓度为596ion/cm³；样点10则次之，夏季上午平均浓度为539ion/cm³，下午平均浓度为462ion/cm³。根据表5-2，样点9和10属于自由式灵活布局，且具有较明显的开敞空间，周边遮挡物较少，尤其样点10所在道路区域与夏季主导风向平行，周边环境的植物绿化较为简单，没有高大乔木，对于风速的阻碍小，因此能保证气流的畅通从而有效地激发并保持空气负离子的浓度。

夏季上午样点3和样点7的空气负离子浓度较低，平均浓度为206ion/cm³和199ion/cm³，下午样点5和样点7的空气负离子浓度较低，平均浓度为156ion/cm³和215ion/cm³。根据表5-1，样点3为行列式规整布局，且无明显开敞空间，而样点5和样点7虽为自由式灵活布局且具有明显的开敞空间，但南向行列规整式布局形成的高密度也相应地阻挡了气流的运动，而且样点7属于中心广场健身区域，周围活动人群较多，附近有幼儿园建筑和以高大乔木为主复层结构的植物绿化遮挡，一定程度上阻碍了空气的流动，降低了风速。同时由图5-13可以看出，样点7的风速极微，不能有效地激发并保持空气中的负离子，因此样点7的空气负离子浓度较低。

值得一提的是，样点6和样点7同属于中心广场区域，但空气负离子浓度却有明显改善，上午平均浓度为411ion/cm³，下午平均浓度为326ion/cm³，这可能是由于样点 6 紧邻幼儿园，幼儿园周边绿化植物层次结构非常丰富，虽然阻挡了空气的流动，但是植物的尖端放电效应以及滞尘的巨大作用，再加上周边水体不定时的开放，这些因素都极大地影响了环境周围的空气负离子浓度。

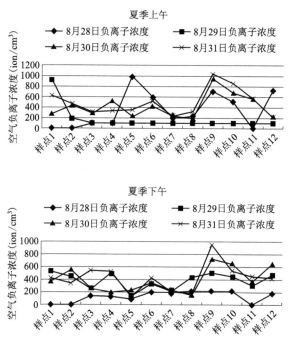

图 5-27　夏季住区室外环境各样点空气负离子平均浓度分布图

2. 秋季数据分析

对各实测样点的空气负离子有效值进行统计分析，得出各样点空气负离子平均浓度分布图，如图 5-28 所示。由图中可以得知，负离子浓度在秋季变化没有夏季明显，整体变化趋势较为平缓。秋季上午样点 6 的负离子浓度最高，平均浓度为 475ion/cm³，样点 4 则次之，秋季上午平均浓度为 377ion/cm³，样点 2 的负离子浓度最低，平均浓度为 167ion/cm³。

由于对夏热冬冷地区主要研究夏季和冬季两个极端季节，秋季作为过渡季节进行参考。根据当地气象数据显示合肥秋冬季节的主导风向均为北风，因此对于秋季的模拟风速可以参考冬季模拟风速图，由图 5-14 可以看出，整个住区的北面基本处于背风区，风速都较低。而样点 6 位于中心广场区域紧邻幼儿园，幼儿园周边绿化植物层次结构非常丰富，植物的尖端放电效应以及树木滞尘的巨大作用，再加上周边水体不定时的开放，这些因素都极大地影响了环境周围的空气负离子浓度。样点 4 位于独栋别墅南侧，错落式布局较为灵活，具有明显的开敞空间，且与冬季主导风向平行，周围绿化以低矮的灌草为主，因此能保证气流的畅通以及风速的稳定，从而不断激发并保持空气负离子的浓度。样点2位于多层住宅之间，行列式规整布局，而且西侧有建筑围合，不能保证气流的通畅并伴随着气流的衰减，同时南向的多层行列式建筑也相应地阻挡了南向气流的流动。同时植被配置简单，以灌草为主，其产生的空气负离子浓度不如乔灌草复层结构，因此总体上样点2的空气负离子浓度低。

秋季下午样点12的负离子浓度最高，平均浓度为686ion/cm³，样点1则次之，平均浓度为517ion/cm³，样点7的负离子浓度最低，平均浓度为267ion/cm³。由图5-14可以看出，样点12位于高层建筑背风面，近地面处有较强烈的涡旋气流，秋季测试期间风速平均值达到1.14m/s，且布局较为自由灵活，周围具有较明显的开敞空间，因此有利于气流的畅通并不断激发保持空气负离子的产生。样点1位于联排别墅与多层建筑之间，虽处于背风区域，但布局较为自由灵活且周围具有较明显的开敞空间，能够保证气流的通畅，有利于空气负离子浓度的产生，另外周围高大乔木较多，对环境的空气负离子浓度也产生了影响。样点7位于中心广场健身区域，空间虽然开阔，但周边被建筑包围或高大乔木为主复层结构的植物绿化遮挡，一定程度上阻碍了空气的流动，降低了风速，不能有效地激发并保持空气中的负离子浓度，同时周围活动人群较多，也影响了环境中负离子的产生，因此样点7的空气负离子浓度较低。

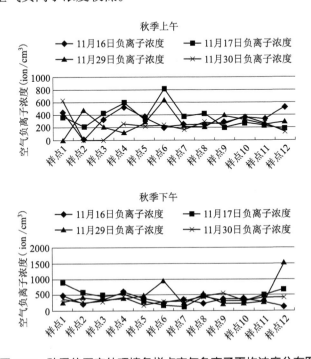

图5-28 秋季住区室外环境各样点空气负离子平均浓度分布图

3. 冬季数据分析

对各实测样点的空气负离子有效值进行统计分析，得出各样点空气负离子平均浓度分布图，如图5-29所示。由图中可以得知，负离子浓度在冬季变化比夏季平缓，但比秋季明显，整体变化趋势较为平缓。冬季上午样点3的负离子浓度最高，平均浓度为392ion/cm³，样点4则次之，冬季上午平均浓度为332ion/cm³，样点5的负离子浓度最低，平均浓度为210ion/cm³。冬季下午样点9的负离子浓度最高，平均浓度为511ion/cm³，样点6和样点12的空气负离子浓度最低，平均浓度为283ion/cm³。

由图5-14冬季模拟风速图可以看出，冬季整体小区的风速不大，使得冬季空气负离子的整体趋势平缓。样点9位于北面第一栋小高层建筑南面，其北面为小区室外运动场地，周围建筑布局自由灵活且具有较明显的开敞空间，与冬季主导风向平行且风速较大，平均风速达到1.24m/s，因此能不断地激发并保持空气负离子的浓度。除了样点8和样点11的平均风速在1.0m/s以上，其他大部分样点的平均风速均在0.6~0.8m/s区间，风速过低不利于空气的摩擦和流动，极大地影响了负离子浓度。

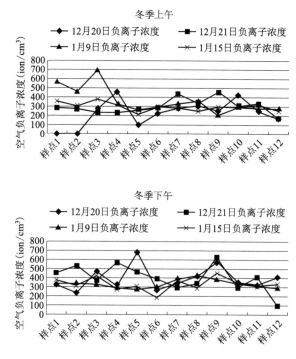

图5-29 冬季住区室外环境各样点空气负离子平均浓度分布图

4. 结果分析

通过以上分析，各实测样点由于所处的区位环境不同，包括建筑布局、空间形态、建筑密度、交通路网等，其环境的空气负离子浓度也不尽相同。根据论文第三章的研究，室外空气负离子浓度受到环境因子的影响较大，为了进一步分析这些影响因素对负离子浓度的影响，应保证分析数据的精确，首先建立数据库对各实测样点的空气负离子、风速、温度和湿度数据进行统一，再进行筛选最终得到的有效数据取平均值，最终结果见表5-15。由于测试条件的影响，风速和温度是与负离子是同步收集的数据，而湿度是记录的平均数据，因此湿度的数据仅作为参考，而同一时间点的风速和温度与负离子的关系分析则更为精确科学。

不同季节各实测样点空气负离子及相关因子数据 表5-15

实测样点		空气负离子浓度 (ion/cm³)	风速 (m/s)	温度 (℃)	湿度 (%)
样点 1	夏季	570	1.08	30.2	54.8
	秋季	500	0.69	21.6	26.6
	冬季	330	0.80	6.8	35.9
样点 2	夏季	550	1.19	29.7	53.9
	秋季	180	0.68	21.4	18.7
	冬季	330	0.79	7.4	34.8
样点 3	夏季	390	0.88	29.9	57.1
	秋季	420	0.61	23.4	22.5
	冬季	250	0.81	8.2	38.9
样点 4	夏季	360	0.61	29.8	57.2
	秋季	640	0.86	24.7	20.9
	冬季	540	0.76	7.4	30.7
样点 5	夏季	250	0.93	31.8	53.7
	秋季	480	0.62	27.5	20.2
	冬季	300	0.75	10.5	29.0
样点 6	夏季	450	0.80	33.5	52.7
	秋季	340	0.96	18.3	15.3
	冬季	320	0.78	8.7	30.9

续表

实测样点		空气负离子浓度 (ion/cm³)	风速 (m/s)	温度 (℃)	湿度 (%)
样点 7	夏季	450	0.89	34.4	49.6
	秋季	320	0.80	25.3	15.4
	冬季	320	0.80	9.0	33.4
样点 8	夏季	300	1.09	32.5	48.6
	秋季	350	0.98	20.0	15.4
	冬季	370	1.05	8.3	35.8
样点 9	夏季	700	2.32	29.8	60.7
	秋季	420	1.00	21.5	21.2
	冬季	460	1.24	7.9	37.9
样点 10	夏季	590	2.02	29.7	57.1
	秋季	420	1.21	22.5	21.2
	冬季	340	0.82	8.6	42.7
样点 11	夏季	370	0.68	27.4	57.9
	秋季	330	0.99	16.5	23.8
	冬季	330	1.93	8.0	38.2
样点 12	夏季	410	1.41	30.1	58.3
	秋季	460	1.14	23.6	26.6
	冬季	280	0.67	11.2	31.4

根据表 5-15 对不同季节的空气负离子和风速、温度和湿度的空间序列进行分析，由图 5-30 可以看出，住区夏季空气负离子浓度的空间分布从大到小的排序依次为：样点 9＞样点 10＞样点 1＞样点 2＞样点 6＞样点 7＞样点 12＞样点 3＞样点 11＞样点 4＞样点 8＞样点 5。住区秋季空气负离子浓度的空间分布从大到小的依次排序为：样点 4＞样点 1＞样点 5＞样点 12＞样点 3＞样点 9＞样点 10＞样点 8＞样点 6＞样点 11＞样点 7＞样点 2。住区冬季空气负离子浓度的空间分布从大到小的排序依次为：样点 4＞样点 9＞样点 7＞样点 8＞样点 10＞样点 1＞样点 2＞样点 11＞样点 6＞样点 5＞样点 12＞样点 3。

对比表 5-1 可以看出，建筑布局自由灵活且具有较明显开敞空间的区域，由于建筑的狭管效应风量不变，风道变小的情况下，气流在此加剧，因而速度增高，能够激发空气负离子不断产生。同时空间与风向平行或斜交,有利于空气的流动,使得风速之间不断产生摩擦,从而保持空气负离子的浓度。例如样点9和样点10所在区域。当然有部分空间例如样点5和样点7周围建筑布局也较为自由灵活但无明显的开敞空间,而且南向行列规整式高密度布局阻挡了气流的运动,尤其样点7周边高大乔木为主复层结构的植物绿化较多,阻碍了空气的流动,降低了风速,不能有效地激发并保持空气中的负离子浓度,同时周围活动人群较多,影响了环境中空气负离子的浓度。而样点2和样点3位于行列规整式布局形成的高密度区域,且无明显的开敞空间,阻碍了空气的流动。同时西侧有建筑物围合,不能保证气流的通畅并伴随着气流速度的衰减使得空气负离子浓度逐渐降低。

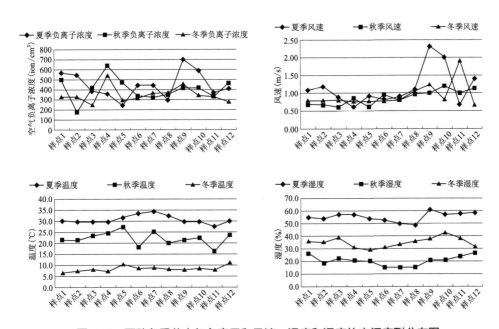

图 5-30　夏秋冬季节空气负离子和风速、温度和湿度的空间序列分布图

由图 5-30 可以看出,由于是按不同季节进行对比分析,因此空气负离子与温度和湿度的空间分布对比关系不明显。而空气负离子与风速的空间序列分布有较明显的相关性,因此根据表 5-15,对各实测样点的空气负离子和风速进行空间分布对比分析,结果如图 5-31 所示。由图 5-31 可以看出,空气负离子浓度与风速存在明显的相关性,风速低于 1m/s 时,对负离子的影响不明显,风速高于 1m/s 时,风速产生的摩擦对负离子浓度显著增大的效果。例如样点9和样点10的夏季负离子浓度高,相应的风速也大;样点3和样点4的夏季负离子浓度低,相应的风速也小。而冬季整体小区的风速不大,因而空气负离子与风速的关系不明显。总体看来,风速过低不利于空气的摩擦以产生负离子。

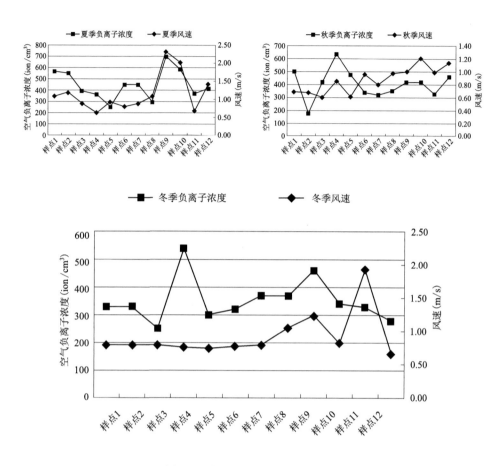

图 5-31　夏秋冬季节空气负离子与风速的空间分布对比分析

5.3.3　空气负离子与影响因子的时空相关分析

1. 相关分析概念及方法

客观事物之间是相互联系、相互影响和相互制约的。这种变量之间的关系归纳起来可以分为函数关系和统计关系。在现实中，变量之间的关系并非简单，而是存在某种关系，用确定的函数公式不能准确描述，即一个变量的值不能由另一个变量的值唯一确定，因此这种关系就演变成为统计关系，而相关分析就是处理变量与变量之间关系的一种统计方法。变量之间的统计关系有强有弱，程度各有差异，这种差异需要通过大量的数量观察和研究来发现。将变量之间线性相关程度的强弱用适当的统计指标表示出来，这就是相关分析。[75] 因此它是研究随机变量之间关系的一种统计方法，它处理的是一种相互关系，并用相关系数来表示变量之间关系密切的程度。

相关分析方法很多，为了能够更加准确地描述变量之间的相关程度，通过计算相关系数来进行相关分析。通常利用两个变量之间的简单相关系数和一个变量与多个变量之间的复相关系数来分析或测定这些变量之间的线性相关程度，并据此进行线性回归分析、预测和控制等。相关系数 R 绝对值愈大（愈接近 1），表明变量之间的线性相关程度愈高；相关系数绝对值愈小，表明变量之间的线性相关程度愈低。相关系数为零时，表明变量之间不存在线性相关关系，见表 5-16。因此人们通常利用相关系数的大小来解释变量间相互关系的大小[155]。

相关系数 R 值与相关性分析   表 5-16

相关系数（R）		相关关系	变动方向
$0 < R \leqslant 1$		正相关	同向
$-1 < R \leqslant 0$		负相关	反向
$|R| = 1$	$R = +1$	正相关	同向
	$R = -1$	负相关	反向
$R = 0$		不相关	非线性

相关系数一般根据样本数据计算而来，用 R 表示，计算公式[75]如下：

$$R_{xy} = \frac{\sum_{i=1}^{n}(x_i - \bar{x})(y_i - \bar{y})}{\sqrt{\sum_{i=1}^{n}(x_i - \bar{x})^2 \sum_{i=1}^{n}(y_i - \bar{y})^2}} \quad (5-1)$$

式中，$\bar{x}$，$\bar{y}$ 分别为 x_i，$y_i (i = 1, 2, \cdots, n)$ 的算术平均值；$-1 \leqslant R \leqslant +1$。

根据经验，一般相关程度可以分为以下几种情况，见表 5-17。

一般相关程度等级划分   表 5-17

相关系数（R）	相关度
$|R| \geqslant 0.8$	高度相关
$0.5 \leqslant |R| < 0.8$	中度相关
$0.3 \leqslant |R| < 0.5$ 时	低度相关
$|R| < 0.3$	不相关

但由于存在样本抽样的随机性，样本相关系数不能直接反映总体的相关程度。需要对相关系数进行假设检验。首先假设两总体无显著的线性相关关系，其次计算相应的统计量，并得到相应的相伴概率值。如果相伴概率值小于或等于指定的

显著性水平，则认为两总体存在显著的相关关系，否则不存在相关关系。

2. 空气负离子与相关因子的相关分析

为了真实准确地反映空气负离子与各影响因子之间的相关关系，结合实测期间每天收集的空气负离子浓度、空气正离子浓度、风速、温度和湿度等数据先进行筛选，运用 SPSS 软件对数据进行 $Sig.$ 显著性水平 P 值，Pearson 的相关系数 R 值的计算，并进行相关分析，其结果见表 5-18。

住区室外环境空气离子与相关影响因子之间的相关分析　　　　　　表 5-18

时间		与负离子浓度的 $Sig.$ 显著性水平 P	Pearson 相关系数 R	线性回归方程
8 月 28 日	风速	0.390	0.176	
	温度	0.173	0.398	
	湿度	0.186	0.362	
	正离子	0.000**	0.765	$Y=0.726X+162.243$
8 月 29 日	风速	0.187	0.267	
	温度	0.437	0.156	
	湿度	0.133	0.297	
	正离子	0.224	0.242	
8 月 30 日	风速	0.000**	0.878	$Y=253.634X+94.367$
	温度	0.043*	0.511	$Y=-58.413X+2221.586$
	湿度	0.115	0.410	
	正离子	0.358	0.246	
8 月 31 日	风速	0.101	0.424	
	温度	0.045*	0.507	$Y=-61.504X+2250.352$
	湿度	0.189	0.346	
	正离子	0.597	0.143	
9 月 1 日	风速	0.100	0.352	
	温度	0.931	0.019	
	湿度	0.056	0.396	
	正离子	0.068	0.378	
11 月 16 日	风速	0.196	0.287	
	温度	0.158	0.312	

续表

时间		与负离子浓度的 *Sig.* 显著性水平 P	Pearson 相关系数 R	线性回归方程
11 月 16 日	湿度	0.138	0.327	
	正离子	0.024*	0.480	$Y=-0.172X+462.353$
11 月 17 日	风速	0.013*	0.556	$Y=-227.753X+578.296$
	温度	0.094	0.395	
	湿度	0.248	0.279	
	正离子	0.015*	0.551	$Y=-0.350X+511.431$
11 月 29 日	风速	0.423	0.208	
	温度	0.309	0.262	
	湿度	0.785	0.072	
	正离子	0.088	0.427	
11 月 30 日	风速	0.738	0.085	
	温度	0.699	0.098	
	湿度	0.710	0.094	
	正离子	0.132	0.369	
12 月 20 日	风速	0.025*	0.512	$Y=-92.341X+416.841$
	温度	0.301	0.250	
	湿度	0.102	0.386	
	正离子	0.211	0.301	
12 月 21 日	风速	0.909	0.025	
	温度	0.021*	0.470	$Y=-23.216X+546.559$
	湿度	0.484	0.150	
	正离子	0.622	0.106	
1 月 9 日	风速	0.323	0.233	
	温度	0.802	0.054	
	湿度	0.479	0.152	
	正离子	0.812	0.050	
1 月 15 日	风速	0.309	0.217	
	温度	0.705	0.082	

时间		与负离子浓度的 *Sig.* 显著性水平 *P*	Pearson 相关系数 *R*	线性回归方程
1 月 15 日	湿度	0.462	0.157	
	正离子	0.709	0.078	
1 月 16 日	风速	0.867	0.036	
	温度	0.552	0.128	
	湿度	0.628	0.104	
	正离子	0.000**	0.875	$Y=0.408X-178.327$

** 表示极显著，$P \leqslant 0.01$；* 表示显著，$P \leqslant 0.05$。

由表 5-18 可知，城市住区室外环境的空气负离子浓度与风速、温度、正离子存在一定相关关系。夏、秋、冬三季空气负离子浓度与风速的复相关系数分别为 0.878、0.556、0.512，相伴概率分别为 0.000、0.013、0.025。夏、冬两季，空气负离子浓度与温度的复相关系数分别为 0.511、0.507、0.470，相伴概率分别为 0.043、0.045、0.021。夏、秋、冬三季，空气负离子浓度与正离子浓度的复相关系数分别为 0.000、0.024、0.015、0.000，相伴概率分别为 0.765、0.480、0.551、0.875。从复相关系数和相伴概率来看，夏季空气负离子与风速呈极显著正相关，秋冬季呈显著正相关；空气负离子与温度呈显著正相关；夏冬季空气负离子与正离子呈极显著正相关，秋季呈显著正相关；空气负离子与湿度不相关。

综上所述，空气负离子浓度牵涉到三个变量（风速、温度、正离子）之间的关系，两个变量以外的其他变量影响往往掩盖了事物的本质联系，有时甚至给人一种假象，即相关系数有时并不能反映或者并不会很好地反映两变量的真实联系，甚至两变量并不存在内在联系，但是相关系数却很显著。因此，为了真实地反映空气负离子浓度与风速之间的相关程度，不能只是简单地计算相关系数，还需要通过偏相关性分析进一步得知。

3. 偏相关分析的概念及方法

偏相关分析是指当两个变量同时与第三个变量相关时，将第三个有影响变量剔除，只分析另外两个变量之间的相关程度的过程。[75] 因此，偏相关系数来描述两个经济变量之间的内在线性联系会更合理、更可靠。通过对偏相关系数进行分析，从而能真实地反映变量之间的相关程度。在计算偏相关系数时，需要掌握多个变量的数据，一方面考虑多个变量之间可能产生的影响，另一方便又采用一定的方法控制其他变量，专门考察两个特定变量的净相关关系。在多变量相关的场合，由于变量之间存在错综复杂的关系，因此偏相关系数与相关系数在数值上可能相差很大，有时甚至符号都可能相反。[155]

假设有 3 个变量，x_1、x_2、x_3，求剔除变量 x_3 的影响后，变量 x_1 和 x_2 之间的偏相关系数 $R_{12,3}$[75]：

$$R_{12,3} = \frac{R_{12} - R_{13}R_{23}}{\sqrt{1-R_{13}^2}\sqrt{1-R_{23}^2}}$$ （5-2）

式中，R_{12} 表示 x_1 和 x_2 之间的简单相关系数；R_{13} 表示 x_1 和 x_3 之间的简单相关系数；R_{23} 表示 x_2 和 x_3 之间的简单相关系数，根据公式（5-1）计算。显著性检验公式如下：

$$t = \frac{R_{12,3}}{\sqrt{\frac{1-R_{12,3}^2}{n-3}}}$$ （5-3）

式中，n 为个案数，$n-3$ 为自由度。

在偏相关分析中，偏相关系数绝对值必须小于或等于复相关系数绝对值。通过偏相关分析，当两个变量为完全正相关或者完全负相关时，它们的关系并不受任何第三个变量的影响而发生变化。这就意味着，当所研究的对象存在完全相关，则可以放心地用其中一个变量预测另一个，而不必考虑其余因素对它们的影响。

5.4 城市住区室外环境空气负离子浓度与风速的时空分布分析

根据表 5-18 的分析结果，空气负离子与风速、温度和正离子存在相关关系，但是从环境因子考虑，风作为微气候要素是对建筑环境产生重要影响的因素之一，因此重点对空气负离子和风速的相关关系加以分析。整理各实测样点的数据，排除无效数据，再建立数据库，把相对应的时间、温度、风速、负离子整理成有效数据。然后根据不同季节，运用 SPSS 软件对夏秋冬季节的各样点空气负离子浓度与风速和温度两个变量进行 *Sig.* 显著性水平 P 值，Pearson 的相关系数 R 值的计算，并进行双变量相关性分析。当空气负离子与风速出现显著关系时，则控制温度的影响因素，进一步运用偏相关分析来检验空气负离子与风速的偏相关性。

5.4.1 夏季空气负离子浓度与风速的偏相关分析

1. 样点 1

表 5-19 中负离子与风速的复相关系数为 –0.102，相伴概率为 0.018，可以看到负离子与风速呈显著负相关。控制温度大小的影响，计算负离子与风速之间的偏相关系数，结果见表 5-20，偏相关系数为 –0.047，相伴概率为 0.277。可以看到，

相关系数由控制前的 -0.102 变化到 -0.047，变化很小，说明风速与空气负离子之间还是呈现显著负相关，并且受到温度的影响较小。

样点 1 空气负离子与风速和温度之间的相关分析   表 5-19

		温度	负离子	风速
温度	皮尔森 (Pearson) 相关	1	-0.498**	0.124**
	显著性（双尾）		0.000	0.004
	N	533	533	533
负离子	皮尔森 (Pearson) 相关	-0.498**	1	-0.102*
	显著性（双尾）	0.000		0.018
	N	533	533	533
风速	皮尔森 (Pearson) 相关	0.124**	-0.102*	1
	显著性（双尾）	0.004	0.018	
	N	533	533	533

**：相关性在 0.01 层上显著（双尾）。

*：相关性在 0.05 层上显著（双尾）。

样点 1 空气负离子与风速之间的偏相关分析   表 5-20

控制变数			负离子	风速
温度	负离子	相关	10.000	-0.047
		显著性（双尾）		0.277
		df	0	530
	风速	相关	-0.047	10.000
		显著性（双尾）	0.277	
		df	530	0

2. 样点 2

表 5-21 中负离子与风速的复相关系数为 -0.050，相伴概率为 0.649，可以看到负离子与风速不相关。

样点 2 空气负离子与风速和温度之间的相关分析   表 5-21

		温度	负离子	风速
温度	皮尔森 (Pearson) 相关	1	-0.134	0.297**

		温度	负离子	风速
温度	显著性（双尾）		0.221	0.006
	N	85	85	85
负离子	皮尔森 (Pearson) 相关	−0.134	1	−0.050
	显著性（双尾）	0.221		0.649
	N	85	85	85
风速	皮尔森 (Pearson) 相关	0.297**	−0.050	1
	显著性（双尾）	0.006	0.649	
	N	85	85	85

**：相关性在 0.01 层上显著（双尾）。

3. 样点 3

表 5-22 中负离子与风速的复相关系数为 −0.088，相伴概率为 0.323，可以看到负离子与风速不相关。

样点 3 空气负离子与风速和温度之间的相关分析　　　　表 5-22

		温度	负离子	风速
温度	皮尔森 (Pearson) 相关	1	0.719**	−0.148
	显著性（双尾）		0.000	0.096
	N	127	127	127
负离子	皮尔森 (Pearson) 相关	0.719**	1	−0.088
	显著性（双尾）	0.000		0.323
	N	127	127	127
风速	皮尔森 (Pearson) 相关	−0.148	−0.088	1
	显著性（双尾）	0.096	0.323	
	N	127	127	127

**：相关性在 0.01 层上显著（双尾）。

4. 样点 4

表 5-23 中负离子与风速的复相关系数为 0.227，相伴概率为 0.000，可以看到负离子与风速呈极显著正相关。控制温度大小的影响，计算负离子与风速之间的偏相关系数，结果见表 5-24，偏相关系数为 0.278，相伴概率为 0.000。可以看到，

相关系数由控制前的 0.227 变化到 0.278，且 |0.278|$_{偏}$>|0.227|$_{复}$，但偏相关系数绝对值只能小于或等于复相关系数绝对值，因此风速与空气负离子之间的相关性不确定。

样点 4 空气负离子与风速和温度之间的相关分析　　　　　表 5-23

		温度	负离子	风速
温度	皮尔森 (Pearson) 相关	1	0.330**	−0.103
	显著性（双尾）		0.000	0.111
	N	243	243	243
负离子	皮尔森 (Pearson) 相关	0.330**	1	0.227**
	显著性（双尾）	0.000		0.000
	N	243	243	243
风速	皮尔森 (Pearson) 相关	−0.103	0.227**	1
	显著性（双尾）	0.111	0.000	
	N	243	243	243

**：相关性在 0.01 层上显著（双尾）。

样点 4 空气负离子与风速之间的偏相关分析　　　　　表 5-24

控制变数		负离子	风速
温度	负离子　相关	10.000	0.278
	显著性（双尾）		0.000
	df	0	240
	风速　相关	0.278	10.000
	显著性（双尾）	0.000	
	df	240	0

5. 样点 5

表 5-25 中负离子与风速的复相关系数为 −0.206，相伴概率为 0.000，可以看到负离子与风速呈极显著负相关。控制温度大小的影响，计算负离子与风速之间的偏相关系数，结果见表 5-26，偏相关系数为 −0.198，相伴概率为 0.000。可以看到，相关系数由控制前的 −0.206 变化到 −0.198，变化很小，说明风速与空气负离子之间还是呈现极显著负相关，并且受到温度的影响较小。

样点 5 空气负离子与风速和温度之间的相关分析　　表 5-25

		温度	负离子	风速
温度	皮尔森 (Pearson) 相关	1	−0.078	0.135**
	显著性（双尾）		0.077	0.002
	N	511	511	511
负离子	皮尔森 (Pearson) 相关	−0.078	1	−0.206**
	显著性（双尾）	0.077		0.000
	N	511	511	511
风速	皮尔森 (Pearson) 相关	0.135**	−0.206**	1
	显著性（双尾）	0.002	0.000	
	N	511	511	511

**：相关性在 0.01 层上显著（双尾）。

样点 5 空气负离子与风速之间的偏相关分析　　表 5-26

控制变量			负离子	风速
温度	负离子	相关	10.000	−0.198
		显著性（双尾）		0.000
		df	0	508
	风速	相关	−0.198	10.000
		显著性（双尾）	0.000	
		df	508	0

6. 样点 6

表 5-27 中负离子与风速的复相关系数为 −0.261，相伴概率为 0.003，可以看到负离子与风速呈极显著负相关。控制温度大小的影响，计算负离子与风速之间的偏相关系数，结果见表 5-28，偏相关系数为 −0.239，相伴概率为 0.008。可以看到，相关系数由控制前的 −0.261 变化到 −0.239，变化很小，说明风速与空气负离子之间还是呈现极显著负相关，并且受到温度的影响较小。

样点 6 空气负离子与风速和温度之间的相关分析　　表 5-27

		温度	负离子	风速
温度	皮尔森 (Pearson) 相关	1	0.111	−0.373**
	显著性（双尾）		0.220	0.000

续表

		温度	负离子	风速
温度	N	124	124	124
负离子	皮尔森 (Pearson) 相关	0.111	1	−0.261**
	显著性（双尾）	0.220		0.003
	N	124	124	124
风速	皮尔森 (Pearson) 相关	−0.373**	−0.261**	1
	显著性（双尾）	0.000	0.003	
	N	124	124	124

**：相关性在 0.01 层上显著（双尾）。

样点 6 空气负离子与风速之间的偏相关分析　　　　表 5-28

控制变数			负离子	风速
温度	负离子	相关	10.000	−0.239
		显著性（双尾）		0.008
		df	0	121
	风速	相关	−0.239	10.000
		显著性（双尾）	0.008	
		df	121	0

7. 样点 7

表 5-29 中负离子与风速的复相关系数为 −0.031，相伴概率为 0.423，可以看到负离子与风速不相关。

样点 7 空气负离子与风速和温度之间的相关分析　　　　表 5-29

		温度	负离子	风速
温度	皮尔森 (Pearson) 相关	1	−0.009	−0.007
	显著性（双尾）		0.811	0.868
	N	651	651	651
负离子	皮尔森 (Pearson) 相关	−0.009	1	−0.031
	显著性（双尾）	0.811		0.423
	N	651	651	651

		温度	负离子	风速
风速	皮尔森 (Pearson) 相关	−0.007	−0.031	1
	显著性（双尾）	0.868	0.423	
	N	651	651	651

8. 样点 8

表 5−30 中负离子与风速的复相关系数为 −0.090，相伴概率为 0.011，可以看到负离子与风速呈显著负相关。控制温度大小的影响，计算负离子与风速之间的偏相关系数，结果见表 5−31，偏相关系数为 −0.094，相伴概率为 0.008。可以看到，相关系数由控制前的 −0.090 变化到 −0.094，且 $|{-0.094}|_{偏} > |{-0.090}|_{复}$，但偏相关系数绝对值只能小于或等于复相关系数绝对值，因此风速与空气负离子之间的相关性不确定。

样点 8 空气负离子与风速和温度之间的相关分析　　　表 5-30

		温度	负离子	风速
温度	皮尔森 (Pearson) 相关	1	−0.106**	−0.038
	显著性（双尾）		0.003	0.279
	N	797	797	797
负离子	皮尔森 (Pearson) 相关	−0.106**	1	−0.090*
	显著性（双尾）	0.003		0.011
	N	797	797	797
风速	皮尔森 (Pearson) 相关	−0.038	−0.090*	1
	显著性（双尾）	0.279	0.011	
	N	797	797	797

**：相关性在 0.01 层上显著（双尾）。

*：相关性在 0.05 层上显著（双尾）。

样点 8 空气负离子与风速之间的偏相关分析　　　表 5-31

控制变数			负离子	风速
温度	负离子	相关	10.000	−0.094
		显著性（双尾）		0.008
		df	0	794

控制变数			负离子	风速
温度	风速	相关	−0.094	10.000
		显著性（双尾）	0.008	
		df	794	0

9. 样点 9

表 5-32 中负离子与风速的复相关系数为 −0.172，相伴概率为 0.000，可以看到负离子与风速呈极显著负相关。控制温度大小的影响，计算负离子与风速之间的偏相关系数，结果见表 5-33，偏相关系数为 −0.276，相伴概率为 0.000。可以看到，相关系数由控制前的 −0.172 变化到 −0.276，且 |−0.276|$_偏$ > |−0.172|$_复$，但偏相关系数绝对值只能小于或等于复相关系数绝对值，因此风速与空气负离子之间的相关性不确定。

样点 9 空气负离子与风速和温度之间的相关分析　　　　表 5-32

		温度	负离子	风速
温度	皮尔森（Pearson）相关	1	0.626**	0.068*
	显著性 （双尾）		0.000	0.011
	N	1380	1380	1380
负离子	皮尔森（Pearson）相关	0.626**	1	−0.172**
	显著性 （双尾）	0.000		0.000
	N	1380	1380	1380
风速	皮尔森（Pearson）相关	0.068*	−0.172**	1
	显著性 （双尾）	0.011	0.000	
	N	1380	1380	1380

**：相关性在 0.01 层上显著（双尾）。

*：相关性在 0.05 层上显著（双尾）。

样点 9 空气负离子与风速之间的偏相关分析　　　　表 5-33

控制变数			负离子	风速
温度	负离子	相关	10.000	−0.276
		显著性（双尾）		0.000
		df	0	1377

续表

控制变数			负离子	风速
温度	风速	相关	−0.276	10.000
		显著性（双尾）	0.000	
		df	1377	0

10. 样点 10

表 5-34 中负离子与风速的复相关系数为 −0.288，相伴概率为 0.000，可以看到负离子与风速呈极显著负相关。控制温度大小的影响，计算负离子与风速之间的偏相关系数，结果见表 5-35，偏相关系数为 −0.296，相伴概率为 0.000。可以看到，相关系数由控制前的 −0.288 变化到 −0.296，且 $|-0.296|_{偏} > |-0.288|_{复}$，但偏相关系数绝对值只能小于或等于复相关系数绝对值，因此风速与空气负离子之间的相关性不确定。

样点 10 空气负离子与风速和温度之间的相关分析　　　　表 5-34

			温度	负离子	风速
温度		皮尔森 (Pearson) 相关	1	0.481**	−0.060*
		显著性（双尾）		0.000	0.038
		N	1205	1205	1205
负离子		皮尔森 (Pearson) 相关	0.481**	1	−0.288**
		显著性（双尾）	0.000		0.000
		N	1205	1205	1205
风速		皮尔森 (Pearson) 相关	−0.060*	−0.288**	1
		显著性（双尾）	0.038	0.000	
		N	1205	1205	1205

**：相关性在 0.01 层上显著（双尾）。

*：相关性在 0.05 层上显著（双尾）。

样点 10 空气负离子与风速之间的偏相关分析　　　　表 5-35

控制变数			负离子	风速
温度	负离子	相关	10.000	−0.296
		显著性（双尾）		0.000
		df	0	1202

续表

控制变数			负离子	风速
温度	风速	相关	−0.296	10.000
		显著性（双尾）	0.000	
		df	1202	0

11. 样点 11

表 5-36 中负离子与风速的复相关系数为 0.000，相伴概率为 0.994，可以看到负离子与风速不相关。

样点 11 空气负离子与风速和温度之间的相关分析　　　　表 5-36

		温度	负离子	风速
温度	皮尔森 (Pearson) 相关	1	0.732**	0.122*
	显著性（双尾）		0.000	0.027
	N	328	328	328
负离子	皮尔森 (Pearson) 相关	0.732**	1	0.000
	显著性（双尾）	0.000		0.994
	N	328	328	328
风速	皮尔森 (Pearson) 相关	0.122*	0.000	1
	显著性（双尾）	0.027	0.994	
	N	328	328	328

**：相关性在 0.01 层上显著（双尾）。

*：相关性在 0.05 层上显著（双尾）。

12. 样点 12

表 5-37 中负离子与风速的复相关系数为 −0.235，相伴概率为 0.000，可以看到负离子与风速呈极显著负相关。控制温度大小的影响，计算负离子与风速之间的偏相关系数，结果见表 5-38，偏相关系数为 −0.231，相伴概率为 0.024。可以看到，相关系数由控制前的 −0.235 变化到 −0.231，变化很小，说明风速与空气负离子之间还是呈现极显著负相关，并且受到温度的影响较小。

样点 12 空气负离子与风速和温度之间的相关分析　　　　表 5-37

		温度	负离子	风速
温度	皮尔森 (Pearson) 相关	1	0.067*	−0.070*

		温度	负离子	风速
温度	显著性（双尾）		0.029	0.024
	N	1047	1047	1047
负离子	皮尔森 (Pearson) 相关	0.067*	1	−0.235**
	显著性（双尾）	0.029		0.000
	N	1047	1047	1047
风速	皮尔森 (Pearson) 相关	−0.070*	−0.235**	1
	显著性（双尾）	0.024	0.000	
	N	1047	1047	1047

*：相关性在 0.05 层上显著（双尾）。

**：相关性在 0.01 层上显著（双尾）。

样点 12 空气负离子与风速之间的偏相关分析　　　　　　表 5-38

控制变数			负离子	风速
温度	负离子	相关	10.000	−0.231
		显著性（双尾）		0.000
		df	0	1044
	风速	相关	−0.231	10.000
		显著性（双尾）	0.000	
		df	1044	0

5.4.2　秋季空气负离子浓度与风速的偏相关分析

1. 样点 1

如表 5–39 所示负离子与风速的复相关系数为 0.175，相伴概率为 0.011，可以看到负离子与风速呈显著正相关。控制温度大小的影响，计算负离子与风速之间的偏相关系数，结果如表 5–40 所示，偏相关系数为 0.128，相伴概率为 0.065。可以看到，相关系数由控制前的 0.175 变化到 0.128，变化很小，说明风速与空气负离子之间还是呈现显著正相关，并且受到温度的影响较小。

样点 1 空气负离子与风速和温度之间的相关分析　　　　　　表 5-39

		温度	负离子	风速
温度	皮尔森 (Pearson) 相关	1	−0.372**	−0.156*

		温度	负离子	风速
温度	显著性（双尾）		0.000	0.024
	N	210	210	210
负离子	皮尔森 (Pearson) 相关	−0.372**	1	0.175*
	显著性（双尾）	0.000		0.011
	N	210	210	210
风速	皮尔森 (Pearson) 相关	−0.156*	0.175*	1
	显著性（双尾）	0.024	0.011	
	N	210	210	210

**：相关性在 0.01 层上显著（双尾）。

*：相关性在 0.05 层上显著（双尾）。

样点 1 空气负离子与风速之间的偏相关分析 表 5-40

控制变数			负离子	风速
温度	负离子	相关	10.000	0.128
		显著性（双尾）		0.065
		df	0	207
	风速	相关	0.128	10.000
		显著性（双尾）	0.065	
		df	207	0

2. 样点 2

表 5-41 中负离子与风速的复相关系数为 0.414，相伴概率为 0.026，可以看到负离子与风速呈显著正相关。控制温度大小的影响，计算负离子与风速之间的偏相关系数，结果见表 5-42，偏相关系数为 0.207，相伴概率为 0.290。可以看到，相关系数由控制前的 0.414 变化到 0.207，变化较小，说明风速与空气负离子之间还是呈现显著正相关，并且受到温度的影响较小。

样点 2 空气负离子与风速和温度之间的相关分析 表 5-41

		温度	负离子	风速
温度	皮尔森 (Pearson) 相关	1	0.565**	0.464*
	显著性（双尾）		0.001	0.011

续表

		温度	负离子	风速
温度	N	29	29	29
负离子	皮尔森 (Pearson) 相关	0.565**	1	0.414*
	显著性（双尾）	0.001		0.026
	N	29	29	29
风速	皮尔森 (Pearson) 相关	0.464*	0.414*	1
	显著性（双尾）	0.011	0.026	
	N	29	29	29

**：相关性在 0.01 层上显著（双尾）。

*：相关性在 0.05 层上显著（双尾）。

样点 2 空气负离子与风速之间的偏相关分析   表 5-42

控制变数			负离子	风速
温度	负离子	相关	10.000	0.207
		显著性（双尾）		0.290
		df	0	26
	风速	相关	0.207	10.000
		显著性（双尾）	0.290	
		df	26	0

3. 样点 3

表 5-43 中负离子与风速的复相关系数为 0.016，相伴概率为 0.898，可以看到负离子与风速不相关。

样点 3 空气负离子与风速和温度之间的相关分析   表 5-43

		温度	负离子	风速
温度	皮尔森 (Pearson) 相关	1	−0.260*	−0.135
	显著性（双尾）		0.038	0.286
	N	64	64	64
负离子	皮尔森 (Pearson) 相关	−0.260*	1	0.016
	显著性（双尾）	0.038		0.898
	N	64	64	64

续表

		温度	负离子	风速
风速	皮尔森 (Pearson) 相关	−0.135	0.016	1
	显著性（双尾）	0.286	0.898	
	N	64	64	64

*：相关性在 0.05 层上显著（双尾）。

4. 样点 4

表 5-44 中负离子与风速的复相关系数为 –0.024，相伴概率为 0.718，可以看到负离子与风速不相关。

样点 4 空气负离子与风速和温度之间的相关分析　　　　表 5-44

		温度	负离子	风速
温度	皮尔森 (Pearson) 相关	1	−0.377**	0.117
	显著性（双尾）		0.000	0.081
	N	224	224	224
负离子	皮尔森 (Pearson) 相关	−0.377**	1	−0.024
	显著性（双尾）	0.000		0.718
	N	224	224	224
风速	皮尔森 (Pearson) 相关	0.117	−0.024	1
	显著性（双尾）	0.081	0.718	
	N	224	224	224

**：相关性在 0.01 层上显著（双尾）。

5. 样点 5

表 5-45 中负离子与风速的复相关系数为 –0.072，相伴概率为 0.277，可以看到负离子与风速不相关。

样点 5 空气负离子与风速和温度之间的相关分析　　　　表 5-45

		温度	负离子	风速
温度	皮尔森 (Pearson) 相关	1	−0.539**	−0.004
	显著性（双尾）		0.000	0.955
	N	231	231	231
负离子	皮尔森 (Pearson) 相关	−0.539**	1	−0.072

		温度	负离子	风速
负离子	显著性（双尾）	0.000		0.277
	N	231	231	231
风速	皮尔森 (Pearson) 相关	−0.004	−0.072	1
	显著性（双尾）	0.955	0.277	
	N	231	231	231

**：相关性在 0.01 层上显著（双尾）。

6. 样点 6

表 5-46 中负离子与风速的复相关系数为 0.237，相伴概率为 0.031，可以看到负离子与风速呈显著正相关。控制温度大小的影响，计算负离子与风速之间的偏相关系数，结果见表 5-47，偏相关系数为 0.233，相伴概率为 0.035。可以看到，相关系数由控制前的 0.237 变化到 0.233，变化较小，说明风速与空气负离子之间还是呈现显著正相关，并且受到温度的影响较小。

样点 6 空气负离子与风速和温度之间的相关分析　　　　表 5-46

		温度	负离子	风速
温度	皮尔森 (Pearson) 相关	1	0.107	0.047
	显著性（双尾）		0.337	0.676
	N	83	83	83
负离子	皮尔森 (Pearson) 相关	0.107	1	0.237*
	显著性（双尾）	0.337		0.031
	N	83	83	83
风速	皮尔森 (Pearson) 相关	0.047	0.237*	1
	显著性（双尾）	0.676	0.031	
	N	83	83	83

*：相关性在 0.05 层上显著（双尾）。

样点 6 空气负离子与风速之间的偏相关分析　　　　表 5-47

控制变数			负离子	风速
温度	负离子	相关	10.000	0.233
		显著性（双尾）		0.035

续表

控制变数			负离子	风速
温度	负离子	df	0	80
	风速	相关	0.233	10.000
		显著性（双尾）	0.035	
		df	80	0

7. 样点 7

表 5-48 中负离子与风速的复相关系数为 -0.155，相伴概率为 0.000，可以看到负离子与风速呈极度显著负相关。控制温度大小的影响，计算负离子与风速之间的偏相关系数，结果如表 5-49 所示，偏相关系数为 -0.193，相伴概率为 0.000。可以看到，相关系数由控制前的 -0.155 变化到 -0.193，且 $|-0.193|_{偏} > |-0.155|_{复}$，但偏相关系数绝对值只能小于或等于复相关系数绝对值，因此风速与空气负离子之间的相关性不确定。

样点 7 空气负离子与风速和温度之间的相关分析　　　　　表 5-48

		温度	负离子	风速
温度	皮尔森 (Pearson) 相关	1	-0.089*	-0.311**
	显著性（双尾）		0.035	0.000
	N	561	561	561
负离子	皮尔森 (Pearson) 相关	-0.089*	1	-0.155**
	显著性（双尾）	0.035		0.000
	N	561	561	561
风速	皮尔森 (Pearson) 相关	-0.311**	-0.155**	1
	显著性（双尾）	0.000	0.000	
	N	561	561	561

*：相关性在 0.05 层上显著（双尾）。

**：相关性在 0.01 层上显著（双尾）。

样点 7 空气负离子与风速之间的偏相关分析　　　　　表 5-49

控制变数			负离子	风速
温度	负离子	相关	10.000	-0.193
		显著性（双尾）		0.000

续表

控制变数		负离子	风速
	负离子	0	558
温度	风速	相关　−0.193	10.000
		显著性（双尾）　0.000	
		df　558	0

8. 样点 8

表 5–50 中负离子与风速的复相关系数为 −0.111，相伴概率为 0.039，可以看到负离子与风速呈显著负相关。控制温度大小的影响，计算负离子与风速之间的偏相关系数，结果见表 5–51，偏相关系数为 −0.092，相伴概率为 0.087。可以看到，相关系数由控制前的 −0.111 变化到 −0.092，变化很小，说明风速与空气负离子之间还是呈现显著负相关，并且受到温度的影响较小。

样点 8 空气负离子与风速和温度之间的相关分析　　　　表 5-50

		温度	负离子	风速
温度	皮尔森 (Pearson) 相关	1	0.181**	−0.116*
	显著性（双尾）		0.001	0.032
	N	345	345	345
负离子	皮尔森 (Pearson) 相关	0.181**	1	−0.111*
	显著性（双尾）	0.001		0.039
	N	345	345	345
风速	皮尔森 (Pearson) 相关	−0.116*	−0.111*	1
	显著性（双尾）	0.032	0.039	
	N	345	345	345

**：相关性在 0.01 层上显著（双尾）。

*：相关性在 0.05 层上显著（双尾）。

样点 8 空气负离子与风速之间的偏相关分析　　　　表 5-51

控制变数			负离子	风速
温度	负离子	相关	10.000	−0.092
		显著性（双尾）		0.087
		df	0	342

续表

控制变数			负离子	风速
温度	风速	相关	−0.092	10.000
		显著性（双尾）	0.087	
		df	342	0

9. 样点9

表5–52中负离子与风速的复相关系数为−0.187，相伴概率为0.000，可以看到负离子与风速呈极显著负相关。控制温度大小的影响，计算负离子与风速之间的偏相关系数，结果见表5–53，偏相关系数为−0.214，相伴概率为0.000。可以看到，相关系数由控制前的−0.187变化到−0.214，且|−0.214|$_偏$>|−0.187|$_复$，但偏相关系数绝对值只能小于或等于复相关系数绝对值，因此风速与空气负离子之间的相关性不确定。

样点9 空气负离子与风速和温度之间的相关分析　　　　表5-52

		温度	负离子	风速
温度	皮尔森（Pearson）相关	1	−0.140**	−0.156**
	显著性（双尾）		0.000	0.000
	N	939	939	939
负离子	皮尔森（Pearson）相关	−0.140**	1	−0.187**
	显著性（双尾）	0.000		0.000
	N	939	939	939
风速	皮尔森（Pearson）相关	−0.156**	−0.187**	1
	显著性（双尾）	0.000	0.000	
	N	939	939	939

**：相关性在0.01层上显著（双尾）。

样点9 空气负离子与风速之间的偏相关分析　　　　表5-53

控制变数			负离子	风速
温度	负离子	相关	10.000	−0.214
		显著性（双尾）		0.000
		df	0	936
	风速	相关	−0.214	10.000

控制变数			负离子	风速
温度	风速	显著性（双尾）	0.000	
		df	936	0

10. 样点 10

表 5-54 中负离子与风速的复相关系数为 -0.182，相伴概率为 0.000，可以看到负离子与风速呈极显著负相关。控制温度大小的影响，计算负离子与风速之间的偏相关系数，结果见表 5-55，偏相关系数为 -0.123，相伴概率为 0.001。可以看到，相关系数由控制前的 -0.182 变化到 -0.123，变化很小，说明风速与空气负离子之间还是呈现极显著负相关，并且受到温度的影响较小。

样点 10 空气负离子与风速和温度之间的相关分析　　　　表 5-54

		温度	负离子	风速
温度	皮尔森 (Pearson) 相关	1	−0.301**	0.226**
	显著性（双尾）		0.000	0.000
	N	788	788	788
负离子	皮尔森 (Pearson) 相关	−0.301**	1	−0.182**
	显著性（双尾）	0.000		0.000
	N	788	788	788
风速	皮尔森 (Pearson) 相关	0.226**	−0.182**	1
	显著性（双尾）	0.000	0.000	
	N	788	788	788

**：相关性在 0.01 层上显著（双尾）。

样点 10 空气负离子与风速之间的偏相关分析　　　　表 5-55

控制变数			负离子	风速
温度	负离子	相关	10.000	−0.123
		显著性（双尾）		0.001
		df	0	785
	风速	相关	−0.123	10.000
		显著性（双尾）	0.001	
		df	785	0

11. 样点 11

表 5–56 中负离子与风速的复相关系数为 0.141，相伴概率为 0.020，可以看到负离子与风速呈显著正相关。控制温度大小的影响，计算负离子与风速之间的偏相关系数，结果见表 5–57，偏相关系数为 0.127，相伴概率为 0.035。可以看到，相关系数由控制前的 0.141 变化到 0.127，变化很小，说明风速与空气负离子之间还是呈现显著正相关，并且受到温度的影响较小。

样点 11 空气负离子与风速和温度之间的相关分析　　　　表 5-56

		温度	负离子	风速
温度	皮尔森 (Pearson) 相关	1	−0.084	−0.193**
	显著性（双尾）		0.165	0.001
	N	274	274	274
负离子	皮尔森 (Pearson) 相关	−0.084	1	0.141*
	显著性（双尾）	0.165		0.020
	N	274	274	274
风速	皮尔森 (Pearson) 相关	−0.193**	0.141*	1
	显著性（双尾）	0.001	0.020	
	N	274	274	274

**：相关性在 0.01 层上显著（双尾）。

*：相关性在 0.05 层上显著（双尾）。

样点 11 空气负离子与风速之间的偏相关分析　　　　表 5-57

控制变数			负离子	风速
温度	负离子	相关	10.000	0.127
		显著性（双尾）		0.035
		df	0	271
	风速	相关	0.127	10.000
		显著性（双尾）	0.035	
		df	271	0

12. 样点 12

表 5–58 中负离子与风速的复相关系数为 −0.172，相伴概率为 0.000，可以看到负离子与风速呈极其显著负相关。控制温度大小的影响，计算负离子与风速之

间的偏相关系数，结果见表 5–59，风速的偏相关系数为 0.234，相伴概率分别为 0.000。可以看到，相关系数由控制前的 –0.172 变化到 –0.234，且 |–0.234|$_偏$>|–0.172|$_复$，但偏相关系数绝对值只能小于或等于复相关系数绝对值，因此风速与空气负离子之间的相关性不确定。

样点 12 空气负离子与风速和温度之间的相关分析　　　　　　　　　表 5-58

		温度	负离子	风速
温度	皮尔森 (Pearson) 相关	1	0.086*	0.437**
	显著性（双尾）		0.023	0.000
	N	704	704	704
负离子	皮尔森 (Pearson) 相关	0.086*	1	−0.172**
	显著性（双尾）	0.023		0.000
	N	704	704	704
风速	皮尔森 (Pearson) 相关	0.437**	−0.172**	1
	显著性（双尾）	0.000	0.000	
	N	704	704	704

*：相关性在 0.05 层上显著（双尾）。

**：相关性在 0.01 层上显著（双尾）。

样点 12 空气负离子与风速之间的偏相关分析　　　　　　　　　表 5-59

	控制变数		负离子	风速
温度	负离子	相关	10.000	−0.234
		显著性（双尾）		0.000
		df	0	701
	风速	相关	−0.234	10.000
		显著性（双尾）	0.000	
		df	701	0

5.4.3 冬季空气负离子浓度与风速的偏相关分析

1. 样点 1

表 5–60 中负离子与风速的复相关系数为 0.247，相伴概率为 0.003，可以看到负离子与风速呈极显著正相关。控制温度大小的影响，计算负离子与风速之间的

偏相关系数，结果见表 5–61，风速的偏相关系数为 0.238，相伴概率为 0.004。可以看到，相关系数由控制前的 0.247 变化到 0.238，变化很小，说明风速与空气负离子之间还是呈现极显著正相关，并且受到温度的影响较小。

样点 1 空气负离子与风速和温度之间的相关分析　　　　　　　表 5-60

		温度	负离子	风速
温度	皮尔森 (Pearson) 相关	1	0.073	0.397**
	显著性（双尾）		0.382	0.000
	N	145	145	145
负离子	皮尔森 (Pearson) 相关	0.073	1	0.247**
	显著性（双尾）	0.382		0.003
	N	145	145	145
风速	皮尔森 (Pearson) 相关	0.397**	0.247**	1
	显著性（双尾）	0.000	0.003	
	N	145	145	145

**：相关性在 0.01 层上显著（双尾）。

样点 1 空气负离子与风速之间的偏相关分析　　　　　　　表 5-61

控制变数			负离子	风速
温度	负离子	相关	10.000	0.238
		显著性（双尾）		0.004
		df	0	142
	风速	相关	0.238	10.000
		显著性（双尾）	0.004	
		df	142	0

2. 样点 2

表 5–62 中负离子与风速的复相关系数为 –0.162，相伴概率为 0.124，可以看到负离子与风速不相关。

样点 2 空气负离子与风速和温度之间的相关分析　　　　　　　表 5-62

		温度	负离子	风速
温度	皮尔森 (Pearson) 相关	1	0.224*	−0.517**

续表

		温度	负离子	风速
温度	显著性（双尾）		0.032	0.000
	N	92	92	92
负离子	皮尔森 (Pearson) 相关	0.224*	1	−0.162
	显著性（双尾）	0.032		0.124
	N	92	92	92
风速	皮尔森 (Pearson) 相关	−0.517**	−0.162	1
	显著性（双尾）	0.000	0.124	
	N	92	92	92

*：相关性在 0.05 层上显著（双尾）。

**：相关性在 0.01 层上显著（双尾）。

3. 样点 3

表 5-63 中负离子与风速的复相关系数为 0.323，相伴概率为 0.123，可以看到负离子与风速不相关。

样点 3 空气负离子与风速和温度之间的相关分析　　　表 5-63

		温度	负离子	风速
温度	皮尔森 (Pearson) 相关	1	0.317	0.468*
	显著性（双尾）		0.131	0.021
	N	24	24	24
负离子	皮尔森 (Pearson) 相关	0.317	1	0.323
	显著性（双尾）	0.131		0.123
	N	24	24	24
风速	皮尔森 (Pearson) 相关	0.468*	0.323	1
	显著性（双尾）	0.021	0.123	
	N	24	24	24

*：相关性在 0.05 层上显著（双尾）。

4. 样点 4

如表 5-64 所示负离子与风速的复相关系数为 −0.065，相伴概率为 0.433，可以看到负离子与风速不相关。

样点 4 空气负离子与风速和温度之间的相关分析　　　　表 5-64

		温度	负离子	风速
温度	皮尔森 (Pearson) 相关	1	0.414**	−0.149
	显著性（双尾）		0.000	0.070
	N	149	149	149
负离子	皮尔森 (Pearson) 相关	0.414**	1	−0.065
	显著性（双尾）	0.000		0.433
	N	149	149	149
风速	皮尔森 (Pearson) 相关	−0.149	−0.065	1
	显著性（双尾）	0.070	0.433	
	N	149	149	149

**：相关性在 0.01 层上显著（双尾）。

5. 样点 5

表 5-65 中负离子与风速的复相关系数为 −0.057，相伴概率为 0.539，可以看到负离子与风速不相关。

样点 5 空气负离子与风速和温度之间的相关分析　　　　表 5-65

		温度	负离子	风速
温度	皮尔森 (Pearson) 相关	1	0.116	0.163
	显著性（双尾）		0.207	0.076
	N	120	120	120
负离子	皮尔森 (Pearson) 相关	0.116	1	−0.057
	显著性（双尾）	0.207		0.539
	N	120	120	120
风速	皮尔森 (Pearson) 相关	0.163	−0.057	1
	显著性（双尾）	0.076	0.539	
	N	120	120	120

6. 样点 6

表 5-66 中负离子与风速的复相关系数为 0.000，相伴概率为 10.000，可以看到负离子与风速不相关。

样点 6 空气负离子与风速和温度之间的相关分析　　　表 5-66

		温度	负离子	风速
温度	皮尔森 (Pearson) 相关	1	0.075	−0.135*
	显著性（双尾）		0.197	0.020
	N	296	296	296
负离子	皮尔森 (Pearson) 相关	0.075	1	0.000
	显著性（双尾）	0.197		10.000
	N	296	296	296
风速	皮尔森 (Pearson) 相关	−0.135*	0.000	1
	显著性（双尾）	0.020	10.000	
	N	296	296	296

*：相关性在 0.05 层上显著（双尾）。

7. 样点 7

表 5-67 中负离子与风速的复相关系数为 0.119，相伴概率为 0.037，可以看到负离子与风速呈显著正相关。控制温度大小的影响，计算负离子与风速之间的偏相关系数，结果见表 5-68，风速的偏相关系数为 0.117，相伴概率为 0.041。可以看到，相关系数由控制前的 0.119 变化到 0.117，变化很小，说明风速与空气负离子之间还是呈现显著正相关，并且受到温度的影响较小。

样点 7 空气负离子与风速和温度之间的相关分析　　　表 5-67

		温度	负离子	风速
温度	皮尔森 (Pearson) 相关	1	0.022	0.127*
	显著性（双尾）		0.699	0.026
	N	306	306	306
负离子	皮尔森 (Pearson) 相关	0.022	1	0.119*
	显著性（双尾）	0.699		0.037
	N	306	306	306
风速	皮尔森 (Pearson) 相关	0.127*	0.119*	1
	显著性（双尾）	0.026	0.037	
	N	306	306	306

*：相关性在 0.05 层上显著（双尾）。

样点 7 空气负离子与风速之间的偏相关分析

表 5-68

控制变数			负离子	风速
温度	负离子	相关	10.000	0.117
		显著性（双尾）		0.041
		df	0	303
	风速	相关	0.117	10.000
		显著性（双尾）	0.041	
		df	303	0

8. 样点 8

表 5-69 中负离子与风速的复相关系数为 -0.057，相伴概率为 0.170，可以看到负离子与风速不相关。

样点 8 空气负离子与风速和温度之间的相关分析

表 5-69

		温度	负离子	风速
温度	皮尔森 (Pearson) 相关	1	−0.036	0.141**
	显著性（双尾）		0.393	0.001
	N	574	574	574
负离子	皮尔森 (Pearson) 相关	−0.036	1	−0.057
	显著性（双尾）	0.393		0.170
	N	574	574	574
风速	皮尔森 (Pearson) 相关	0.141**	−0.057	1
	显著性（双尾）	0.001	0.170	
	N	574	574	574

**：相关性在 0.01 层上显著（双尾）。

9. 样点 9

表 5-70 中负离子与风速的复相关系数为 -0.022，相伴概率为 0.623，可以看到负离子与风速不相关。

样点 9 空气负离子与风速和温度之间的相关分析

表 5-70

		温度	负离子	风速
温度	皮尔森 (Pearson) 相关	1	−0.173**	−0.556**

		温度	负离子	风速
温度	显著性（双尾）		0.000	0.000
	N	524	524	524
负离子	皮尔森 (Pearson) 相关	−0.173**	1	−0.022
	显著性（双尾）	0.000		0.623
	N	524	524	524
风速	皮尔森 (Pearson) 相关	−0.556**	−0.022	1
	显著性（双尾）	0.000	0.623	
	N	524	524	524

**：相关性在 0.01 层上显著（双尾）。

10.　样点 10

表 5-71 中负离子与风速的复相关系数为 −0.079，相伴概率为 0.229，可以看到负离子与风速不相关。

样点 10 空气负离子与风速和温度之间的相关分析　　　　表 5-71

		温度	负离子	风速
温度	皮尔森 (Pearson) 相关	1	−0.109	0.256**
	显著性（双尾）		0.095	0.000
	N	235	235	235
负离子	皮尔森 (Pearson) 相关	−0.109	1	−0.079
	显著性（双尾）	0.095		0.229
	N	235	235	235
风速	皮尔森 (Pearson) 相关	0.256**	−0.079	1
	显著性（双尾）	0.000	0.229	
	N	235	235	235

**：相关性在 0.01 层上显著（双尾）。

11.　样点 11

结果见表 5-72。负离子与风速的复相关系数为 −0.043，相伴概率为 0.388，可以看到负离子与风速不相关。

样点 11 空气负离子与风速和温度之间的相关分析　　表 5-72

		温度	负离子	风速
温度	皮尔森 (Pearson) 相关	1	−0.071	−0.262**
	显著性（双尾）		0.152	0.000
	N	408	408	408
负离子	皮尔森 (Pearson) 相关	−0.071	1	−0.043
	显著性（双尾）	0.152		0.388
	N	408	408	408
风速	皮尔森 (Pearson) 相关	−0.262**	−0.043	1
	显著性（双尾）	0.000	0.388	
	N	408	408	408

**：相关性在 0.01 层上显著（双尾）。

12. 样点 12

结果见表 5-73。负离子与风速的复相关系数为 −0.072，相伴概率为 0.603，可以看到负离子与风速不相关。

样点 12 空气负离子与风速和温度之间的相关分析　　表 5-73

		温度	负离子	风速
温度	皮尔森 (Pearson) 相关	1	−0.209	0.158
	显著性（双尾）		0.126	0.249
	N	55	55	55
负离子	皮尔森 (Pearson) 相关	−0.209	1	−0.072
	显著性（双尾）	0.126		0.603
	N	55	55	55
风速	皮尔森 (Pearson) 相关	0.158	−0.072	1
	显著性（双尾）	0.249	0.603	
	N	55	55	55

5.4.4　结果分析

对表 5-19~ 表 5-73 的分析结果进行线性回归方程分析，如图 5-32~ 图 5-34 所示。由图 5-32 可以看出，夏季空气负离子与风速呈极显著负相关，风速越大，负离子浓度越高，风速越小，负离子浓度越低。根据作者前面的研究，当风速高于 1m/s 时，风速产生的摩擦对负离子浓度显著增大的效果。当地夏季主导风向为东南风且风速较大，风速平均值达到 1.16m/s。样点 1、样点 5、样点 6 和样点 12 与风速呈极其显著负相关，其中样点 6 的 R^2=0.068 值较大，线性回归方程 $Y=-0.001X-0.003$ 可靠度较高。对比图 5-13 和表 5-1 可以发现这几处样点的布局较为灵活自由，且具有较明显的开敞空间，与风向斜交有利于气流的畅通从而保持空气负离子的浓度。不相关的几处样点包括样点 2、样点 3、样点 7 和样点 11，其周围均无明显开敞空间，其中样点 2 和样点 3 为行列式规整布局，阻碍了气流的畅通不利于负离子的产生。

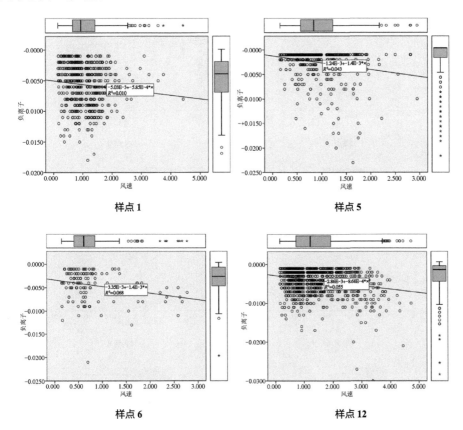

样点 1 样点 5

样点 6 样点 12

图 5-32 夏季空气负离子与风速变化趋势

由图 5-33 可以看出，秋季空气负离子与风速的偏相关分析较为复杂，正相关和负相关均出现。当地秋季主导风向为北风，住区北面为高层建筑，使住区处于背风区，住区内风速较低，平均值为 0.88m/s，根据作者前面的研究，当风速低于 1m/s 时，风速对空气负离子影响不明显，因此样点处的空气负离子浓度与风速的关系趋势不明确。样点 1、样点 2、样点 6 和样点 11 的负离子与风速呈显著正相关，对比图 5-14 和表 5-1 可以发现这几处样点的基本处于背风区，风速较低，样点 11 区域虽然风速较高，但是从样点实景图中可以看出其周边的乔木枝冠茂密，具有较强的降低风速作用，但同时树木的尖端放电效应和滞尘作用影响了负离子浓度。样点 8 和样点 10 的负离子与风速呈显著负相关，对比图 5-14 和表 5-1 可以发现这两点的风速较大，与主导风向平行从而增大风速的摩擦不断激发空气负离子的产生。其中样点 10 的 R^2=0.033 值较大，线性回归方程 $Y=-0.001X-0.003$ 可靠度较高，并与夏季所得的线性回归方程一致。

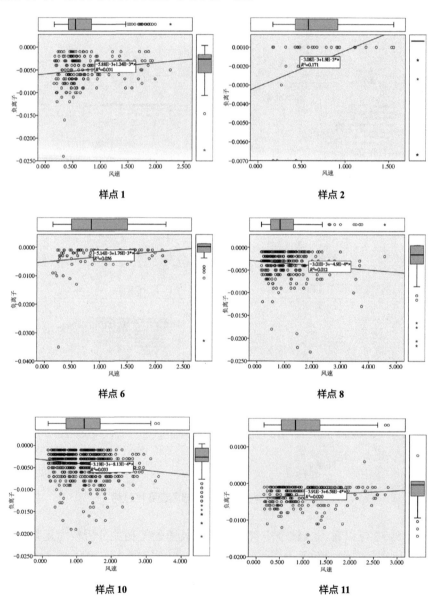

图 5-33　秋季空气负离子与风速变化趋势

由图 5-34 可以看出，冬季空气负离子与风速呈显著正相关，风速越大，负离子浓度越低，风速越小，负离子浓度越高。当地冬季主导风向为北风，住区北面为高层建筑，使住区处于背风区，住区内风速较低，平均值为 0.93m/s，根据作者前面的研究，当风速低于 1m/s 时，风速对空气负离子影响不明显，易受到其他随机因素的影响。样点 1 周边的高大乔木较多，在降低风速不利的情况下，乔木的降尘和滞尘的巨大作用加上尖端放电效应提高了环境的负离子浓度。

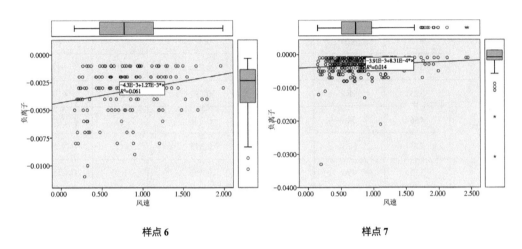

样点 6　　　　　　　　　　　　　　　　　样点 7

图 5-34　冬季空气负离子与风速变化趋势

5.5　基于空气负离子浓度的城市住区室外环境空气清洁度评价

5.5.1　城市住区室外环境的空气清洁度分析

采用单极系数（q）和安培空气质量评价指数（CI）对住区室外环境的空气离子浓度计算，进而分析环境的空气清洁度，见表 5-74~ 表 5-85。

样点 1 空气离子浓度与空气清洁度评价指标　　　　　　表 5-74

测试季节	负离子浓度 (ion/cm³)	正离子浓度 (ion/cm³)	单极系数 $q=n^+/n^-$	空气质量评价指数 $CI=n^-/(1000 \times q)$	等级	空气清洁度
夏季	530	380	0.717	0.380	D	允许
	276	300	1.087	0.300	D	允许
	385	341	0.886	0.341	D	允许
	620	282	0.455	0.282	E1	轻污染
	419	523	1.248	0.523	C	中等清洁

续表

测试季节	负离子浓度 (ion/cm³)	正离子浓度 (ion/cm³)	单极系数 $q=n^+/n^-$	空气质量评价指数 $Cl=n^-/(1000 \times q)$	等级	空气 清洁度
秋季	742	463	0.624	0.463	D	允许
	621	248	0.399	0.248	E1	轻污染
	485	950	1.959	0.950	B	清洁
	369	180	0.488	0.180	E2	中等污染
	896	476	0.531	0.476	D	允许
	305	724	2.374	0.724	B	清洁
冬季	323	281	0.870	0.281	E1	轻污染
	456	346	0.759	0.346	D	允许
	571	575	1.007	0.575	C	中等清洁
	333	496	1.489	0.496	C	中等清洁
	359	333	0.928	0.333	D	允许
	375	170	0.453	0.170	E2	中等污染
	575	1650	2.870	1.650	A	最清洁
	200	1500	7.500	1.500	A	最清洁

样点 2 空气离子浓度与空气清洁度评价指标 表 5-75

测试季节	负离子浓度 (ion/cm³)	正离子浓度 (ion/cm³)	单极系数 $q=n^+/n^-$	空气质量评价指数 $Cl=n^-/(1000 \times q)$	等级	空气 清洁度
夏季	446	387	0.868	0.387	D	允许
	441	645	1.463	0.645	C	中等清洁
	558	522	0.935	0.522	C	中等清洁
	470	768	1.634	0.768	B	清洁
	350	548	1.566	0.548	C	中等清洁
秋季	598	540	0.903	0.540	C	中等清洁
	717	570	0.795	0.570	C	中等清洁
	251	903	3.598	0.903	B	清洁
	196	150	0.765	0.150	E2	中等污染
	568	495	0.871	0.495	D	允许

测试季节	负离子浓度 (ion/cm³)	正离子浓度 (ion/cm³)	单极系数 $q=n^+/n^-$	空气质量评价指数 $CI=n^-/(1000 \times q)$	等级	空气 清洁度
秋季	428	1483	3.465	1.483	A	最清洁
冬季	239	909	3.803	0.909	B	清洁
	538	646	1.201	0.646	C	中等清洁
	461	818	1.774	0.818	B	清洁
	333	804	2.414	0.804	B	清洁
	304	637	2.095	0.637	C	中等清洁
	314	373	1.188	0.373	D	允许
	256	478	1.867	0.478	D	允许
	260	833	3.204	0.833	B	清洁

样点3空气离子浓度与空气清洁度评价指标　　　　　表5-76

测试季节	负离子浓度 (ion/cm³)	正离子浓度 (ion/cm³)	单极系数 $q=n^+/n^-$	空气质量评价指数 $CI=n^-/(1000 \times q)$	等级	空气 清洁度
夏季	255	436	1.710	0.436	D	允许
	304	371	1.220	0.371	D	允许
	260	320	1.231	0.320	D	允许
	318	592	1.862	0.592	C	中等清洁
	543	389	0.716	0.389	D	允许
秋季	453	424	0.936	0.424	D	允许
	653	325	0.498	0.325	D	允许
	360	351	0.975	0.351	D	允许
	412	160	0.388	0.160	E2	中等污染
	471	280	0.594	0.280	E1	轻污染
	350	240	0.686	0.240	E1	轻污染
冬季	469	218	0.465	0.218	E1	轻污染
	371	205	0.553	0.205	E1	轻污染
	697	393	0.564	0.393	D	允许
	327	954	2.917	0.954	B	清洁

续表

测试季节	负离子浓度 (ion/cm³)	正离子浓度 (ion/cm³)	单极系数 $q=n^+/n^-$	空气质量评价指数 $Cl=n^-/(1000 \times q)$	等级	空气 清洁度
冬季	379	339	0.894	0.339	D	允许
	419	194	0.463	0.194	E1	轻污染
	235	775	3.298	0.775	B	清洁
	266	1074	4.038	1.074	A	最清洁

样点 4 空气离子浓度与空气清洁度评价指标 表 5-77

测试季节	负离子浓度 (ion/cm³)	正离子浓度 (ion/cm³)	单极系数 $q=n^+/n^-$	空气质量评价指数 $Cl=n^-/(1000 \times q)$	等级	空气 清洁度
夏季	500	435	0.870	0.435	D	允许
	517	197	0.381	0.197	E1	轻污染
	194	772	3.979	0.772	B	清洁
	337	771	2.288	0.771	B	清洁
	525	287	0.547	0.287	E1	轻污染
秋季	700	630	0.900	0.630	C	中等清洁
	730	404	0.553	0.404	D	允许
	582	473	0.813	0.473	D	允许
	590	217	0.368	0.217	E1	轻污染
	530	805	1.519	0.805	B	清洁
	406	1821	4.485	1.821	A	最清洁
冬季	314	827	2.634	0.827	B	清洁
	521	843	1.618	0.843	B	清洁
	322	659	2.047	0.659	C	中等清洁
	288	406	1.410	0.406	D	允许
	314	1240	3.949	1.240	A	最清洁
	280	889	3.175	0.889	B	清洁
	343	1443	4.207	1.443	D	允许
	509	614	1.206	0.614	C	中等清洁

样点5空气离子浓度与空气清洁度评价指标　　　　表5-78

测试季节	负离子浓度(ion/cm³)	正离子浓度(ion/cm³)	单极系数 $q=n^+/n^-$	空气质量评价指数 $CI=n^-/(1000 \times q)$	等级	空气清洁度
夏季	160	334	2.088	0.334	D	允许
	234	209	0.893	0.209	E1	轻污染
	228	788	3.456	0.788	B	清洁
	356	606	1.702	0.606	C	中等清洁
	136	312	2.294	0.312	D	允许
秋季	609	592	0.972	0.592	C	中等清洁
	507	221	0.436	0.221	E1	轻污染
	390	491	1.259	0.491	D	允许
	329	206	0.626	0.206	E1	轻污染
	325	402	1.237	0.402	D	允许
	460	260	0.565	0.260	E1	轻污染
冬季	683	861	1.261	0.861	B	清洁
	466	755	1.620	0.755	B	清洁
	266	763	2.868	0.763	B	清洁
	275	695	2.527	0.695	C	中等清洁
	215	702	3.265	0.702	B	清洁
	310	277	0.894	0.277	E1	轻污染
	100	1300	13.000	1.300	A	最清洁
	120	940	7.833	0.940	B	清洁

样点6空气离子浓度与空气清洁度评价指标　　　　表5-79

测试季节	负离子浓度(ion/cm³)	正离子浓度(ion/cm³)	单极系数 $q=n^+/n^-$	空气质量评价指数 $CI=n^-/(1000 \times q)$	等级	空气清洁度
夏季	331	508	1.535	0.508	C	中等清洁
	427	454	1.063	0.454	D	允许
	350	636	1.817	0.636	C	中等清洁
	525	548	1.044	0.548	C	中等清洁
	426	342	0.803	0.342	D	允许
秋季	822	624	0.759	0.624	C	中等清洁

测试季节	负离子浓度 (ion/cm³)	正离子浓度 (ion/cm³)	单极系数 $q=n^+/n^-$	空气质量评价指数 $CI=n^-/(1000 \times q)$	等级	空气清洁度
秋季	370	377	1.019	0.377	D	允许
	272	770	2.831	0.770	B	清洁
	813	286	0.352	0.286	E1	轻污染
	183	992	5.421	0.992	B	清洁
	958	3363	3.510	3.363	A	最清洁
冬季	269	867	3.223	0.867	B	清洁
	387	570	1.473	0.570	C	中等清洁
	293	860	2.935	0.860	B	清洁
	298	549	1.842	0.549	C	中等清洁
	298	1071	3.594	1.071	A	最清洁
	178	417	2.343	0.417	D	允许
	191	1000	5.236	1.000	B	清洁
	2250	5100	2.267	5.100	A	最清洁

样点7空气离子浓度与空气清洁度评价指标　　　　　表5-80

测试季节	负离子浓度 (ion/cm³)	正离子浓度 (ion/cm³)	单极系数 $q=n^+/n^-$	空气质量评价指数 $CI=n^-/(1000 \times q)$	等级	空气清洁度
夏季	216	362	1.676	0.362	D	允许
	263	315	1.198	0.315	D	允许
	235	484	2.060	0.484	D	允许
	232	650	2.802	0.650	C	中等清洁
	213	535	2.512	0.535	C	中等清洁
秋季	372	219	0.589	0.219	E1	轻污染
	169	402	2.379	0.402	D	允许
	366	341	0.932	0.341	D	允许
	371	174	0.469	0.174	E2	中等污染
	150	750	5.000	0.750	B	清洁
	216	870	4.028	0.870	B	清洁

续表

测试季节	负离子浓度 (ion/cm³)	正离子浓度 (ion/cm³)	单极系数 $q=n^+/n^-$	空气质量评价指数 $CI=n^-/(1000 \times q)$	等级	空气清洁度
秋季	223	415	1.861	0.415	D	允许
	334	354	1.060	0.354	D	允许
冬季	296	965	3.260	0.965	B	清洁
	384	651	1.695	0.651	C	中等清洁
	278	763	2.745	0.763	B	清洁
	368	441	1.198	0.441	D	允许
	300	1218	4.060	1.218	A	最清洁
	177	731	4.130	0.731	B	清洁

样点 8 空气离子浓度与空气清洁度评价指标　　　　表 5-81

测试季节	负离子浓度 (ion/cm³)	正离子浓度 (ion/cm³)	单极系数 $q=n^+/n^-$	空气质量评价指数 $CI=n^-/(1000 \times q)$	等级	空气清洁度
夏季	432	176	0.407	0.176	E2	中等污染
	194	786	4.052	0.786	B	清洁
	169	469	2.775	0.469	D	允许
	325	634	1.951	0.634	C	中等清洁
	181	588	3.249	0.588	C	中等清洁
秋季	221	223	1.009	0.223	E1	轻污染
	153	299	1.954	0.299	E1	轻污染
	250	1018	4.072	1.018	A	最清洁
	422	339	0.803	0.339	D	允许
	459	283	0.617	0.283	E1	轻污染
	533	1133	2.126	1.133	A	最清洁
冬季	421	422	1.002	0.422	D	允许
	332	1601	4.822	1.601	A	最清洁
	356	824	2.315	0.824	B	清洁
	429	476	1.110	0.476	D	允许

测试季节	负离子浓度 (ion/cm³)	正离子浓度 (ion/cm³)	单极系数 $q=n^+/n^-$	空气质量评价指数 $CI=n^-/(1000 \times q)$	等级	空气清洁度
冬季	248	595	2.399	0.595	C	中等清洁
	291	260	0.893	0.260	E1	轻污染
	296	477	1.611	0.477	D	允许
	433	1867	4.312	1.867	A	最清洁

样点 9 空气离子浓度与空气清洁度评价指标　　　　表 5-82

测试季节	负离子浓度 (ion/cm³)	正离子浓度 (ion/cm³)	单极系数 $q=n^+/n^-$	空气质量评价指数 $CI=n^-/(1000 \times q)$	等级	空气清洁度
夏季	506	398	0.787	0.398	D	允许
	946	453	0.479	0.453	D	允许
	724	640	0.884	0.640	C	中等清洁
	1034	729	0.705	0.729	B	清洁
	946	465	0.492	0.465	D	允许
秋季	317	624	1.968	0.624	C	中等清洁
	528	276	0.523	0.276	E1	轻污染
	371	415	1.119	0.415	D	允许
	200	423	2.115	0.423	D	允许
	317	290	0.915	0.290	E1	轻污染
	223	717	3.215	0.717	B	清洁
冬季	582	258	0.443	0.258	E1	轻污染
	622	752	1.209	0.752	B	清洁
	207	1088	5.256	1.088	A	最清洁
	383	759	1.982	0.759	B	清洁
	292	787	2.695	0.787	B	清洁
	455	248	0.545	0.248	E1	轻污染
	150	1400	9.333	1.400	A	最清洁
	188	1375	7.314	1.375	A	最清洁

样点 10 空气离子浓度与空气清洁度评价指标　　　表 5-83

测试季节	负离子浓度 (ion/cm^3)	正离子浓度 (ion/cm^3)	单极系数 $q=n^+/n^-$	空气质量评价指数 $CI=n^-/(1000 \times q)$	等级	空气 清洁度
夏季	454	342	0.753	0.342	D	允许
	678	411	0.606	0.411	D	允许
	643	839	1.305	0.839	B	清洁
	864	711	0.823	0.711	B	清洁
	531	294	0.554	0.294	E1	轻污染
秋季	436	226	0.518	0.226	E1	轻污染
	522	223	0.427	0.223	E1	轻污染
	390	1071	2.746	1.071	A	最清洁
	272	931	3.423	0.931	B	清洁
	308	168	0.545	0.168	E2	中等污染
	262	1262	4.817	1.262	A	最清洁
冬季	356	279	0.784	0.279	E1	轻污染
	290	1391	4.797	1.391	A	最清洁
	292	410	1.404	0.410	D	允许
	347	331	0.954	0.331	D	允许
	287	485	1.690	0.485	D	允许
	344	169	0.491	0.169	E2	中等污染
	620	1420	2.290	1.420	A	最清洁
	300	1063	3.543	1.063	A	最清洁

样点 11 空气离子浓度与空气清洁度评价指标　　　表 5-84

测试季节	负离子浓度 (ion/cm^3)	正离子浓度 (ion/cm^3)	单极系数 $q=n^+/n^-$	空气质量评价指数 $CI=n^-/(1000 \times q)$	等级	空气 清洁度
夏季	320	384	1.200	0.384	D	允许
	564	280	0.496	0.280	E1	轻污染
	364	569	1.563	0.569	C	中等清洁
	569	100	0.176	0.100	E2	中等污染
	448	607	1.355	0.607	C	中等清洁

续表

测试季节	负离子浓度 (ion/cm³)	正离子浓度 (ion/cm³)	单极系数 $q=n^+/n^-$	空气质量评价指数 $CI=n^-/(1000 \times q)$	等级	空气 清洁度
	180	232	1.289	0.232	E1	轻污染
	135	493	3.652	0.493	D	允许
	284	819	2.884	0.819	B	清洁
秋季	238	755	3.172	0.755	B	清洁
	491	207	0.422	0.207	E1	轻污染
	293	850	2.901	0.850	B	清洁
	324	1203	3.713	1.203	A	最清洁
	413	1648	3.990	1.648	A	最清洁
	280	787	2.811	0.787	B	清洁
冬季	324	1018	3.142	1.018	A	最清洁
	320	875	2.734	0.875	B	清洁
	311	959	3.084	0.959	B	清洁
	100	1100	11.000	1.100	A	最清洁
	150	1650	11.000	1.650	A	最清洁

样点 12 空气离子浓度与空气清洁度评价指标 表 5-85

测试季节	负离子浓度 (ion/cm³)	正离子浓度 (ion/cm³)	单极系数 $q=n^+/n^-$	空气质量评价指数 $CI=n^-/(1000 \times q)$	等级	空气 清洁度
	463	481	1.039	0.481	D	允许
	235	437	1.860	0.437	D	允许
夏季	646	519	0.803	0.519	C	中等清洁
	219	918	4.192	0.918	B	清洁
	426	713	1.674	0.713	B	清洁
	290	307	1.059	0.307	D	允许
	518	258	0.498	0.258	E1	轻污染
秋季	136	1271	9.346	1.271	A	最清洁
	165	820	4.970	0.820	B	清洁
	684	232	0.339	0.232	E1	轻污染

续表

测试季节	负离子浓度 (ion/cm³)	正离子浓度 (ion/cm³)	单极系数 $q=n^+/n^-$	空气质量评价指数 $CI=n^-/(1000 \times q)$	等级	空气 清洁度
秋季	1514	1134	0.749	1.134	A	最清洁
冬季	406	866	2.133	0.866	B	清洁
	100	724	7.240	0.724	B	清洁
	276	2019	7.315	2.019	A	最清洁
	291	1351	4.643	1.351	A	最清洁
	253	2342	9.257	2.342	A	最清洁
	334	780	2.335	0.780	B	清洁
	200	1550	7.750	1.550	A	最清洁
	133	833	6.263	0.833	B	清洁

5.5.2 城市住区室外环境空气清洁度评价

根据表 5-74~ 表 5-85 做出图 5-35，由图中可以看出整个住区环境的空气清洁度以"允许"和"清洁"为主，等级多分布在 D 级和 B 级。对各实测样点的空气清洁度进行分析并带入表 5-1 的实测样点环境特征表，得出表 5-86、图 5-36 和图 5-37。

由表 5-86 可以看出，样点 12 的空气清洁度"最清洁"比例最高，占到 31.6%，样点 11 和样点 10 次之，占到 26.3%；样点 2、样点 3、样点 5 和样点 7 的空气清洁度"最清洁"比例最低，占到 5.3%。

由图 5-36 可以看出，风速在 1m/s 以下的样点，其空气负离子浓度偏低，风速在 1m/s 以上的样点，其空气负离子浓度较高，尤其当风速达到 2m/s 以上时，空气负离子浓度明显增高。由图 5-37 可以看出，冬季主导风向为北风，住区北面均为高层住宅，对住区内形成了一道挡风屏，因此冬季住区内各样点风速普遍不高，大约在 0.6~0.8m/s 以下，因此风速摩擦对空气负离子浓度作用不明显，各样点的空气负离子浓度也普遍不高。

由图 5-36 和图 5-37 可以看出，空气清洁度 A 级比例较低的样点风速均在 1m/s 以下，尤其是样点 2、样点 3、样点 5 和样点 7 的空气清洁度"最清洁"比例最低，占到 5.3%。由图 5-36 可以看出，样点 2 和样点 3 为行列式规整布局，无明显的开敞空间且西侧的建筑和南向的行列规整式布局形成的高密度都阻挡了气流的运动，不能保证气流的通畅并伴随着气流速度的衰减使得空气负离子浓度逐

181

渐降低。而样点 5 和样点 7 虽然周边建筑布局较为自由灵活但无明显的开敞空间，尤其样点 7 周边高大乔木为主复层结构的植物绿化较多，阻碍了空气的流动，降低了风速，不能有效地激发并保持空气中的负离子浓度，同时位于主广场健身器材区域，周围人群活动较为密集，空气流通较弱，对环境的空气清洁度产生一定干扰和影响。

比较样点 1、样点 2 和样点 3 可以看出，虽同属于行列式规整布局区域，但是样点 1 的空间形态进行了适当的变化而形成了较为明显的开敞空间，利于空气的流动而对空气负离子和空气清洁度产生了较为明显的影响。同样样点 8 的空气清洁度比样点 7 高，这是由于样点 8 与风向平行并保证了开敞空间的有效性，因此有利于气流的运动，风速较高，能不断激发并保持空气中负离子的浓度，从而改善了空气清洁度。

由图 5-36 可以看出，样点 12 和样点 10 周边建筑布局自由灵活且具有较明显的开敞空间，又位于夏季主导风向的上风口，由于建筑的狭管效应风量不变，风道变小的情况下，气流在此加剧，因而速度增高，能够激发了空气负离子不断产生。同时空间又与风向平行或斜交，有利于空气的流动，使得空气之间不断产生摩擦，从而保持空气负离子的浓度。样点 11 的风速在 1m/s 以下，但是由于其位于住区主导风向的上风口，风速和风量能保持稳定的状态。比较样点 10 和样点 11 可以看出，样点 10 的空气清洁度以 D 级（允许）为主，样点 11 的空气清洁度以 B 级（清洁）为主，样点 11 的空气清洁度要优于样点 10。这是由于样点 10 和样点 11 同属于高层高密度区域同一方位，与夏季主导风向平行，但由于距上风口的距离不同而带来风速的衰减，因此样点 10 的空气负离子浓度比样点 11 较低，相应的环境空气清洁度降低。

由图 5-37 可以看出，风速在 1m/s 以上的样点均靠近住区北面外侧，这是因为其处于冬季主导风向的上风口，因此风速要明显大于住区其他样点，空气负离子浓度也较高，空气清洁度整体也较高。

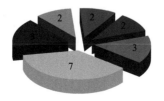

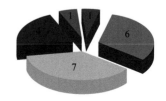

图 5-35　住区内实测样点环境的空气清洁度分布图

样点3空气清洁度

■A最清洁 ■B清洁 ■C中等清洁 ■D允许 ■E1轻污染 ■E2中等污染

样点5空气清洁度

■A最清洁 ■B清洁 ■C中等清洁 ■D允许 ■E1轻污染

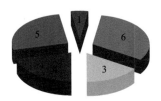

样点7空气清洁度

■A最清洁 ■B清洁 ■C中等清洁 ■D允许 ■E1轻污染 ■E2中等污染

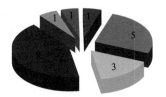

样点9空气清洁度

■A最清洁 ■B清洁 ■C中等清洁 ■D允许 ■E1轻污染

样点11空气清洁度

■A最清洁 ■B清洁 ■C中等清洁 ■D允许 ■E1轻污染 ■E2中等污染

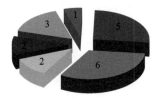

样点4空气清洁度

■A最清洁 ■B清洁 ■C中等清洁 ■D允许 ■E1轻污染

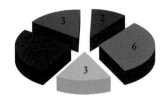

样点6空气清洁度

■A最清洁 ■B清洁 ■C中等清洁 ■D允许 ■E1轻污染

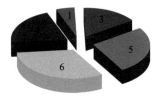

样点8空气清洁度

■A最清洁 ■B清洁 ■C中等清洁 ■D允许 ■E1轻污染 ■E2中等污染

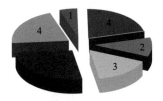

样点10空气清洁度

■A最清洁 ■B清洁 ■D允许 ■E1轻污染 ■E2中等污染

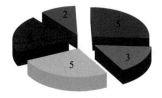

样点12空气清洁度

■A最清洁 ■B清洁 ■C中等清洁 ■D允许 ■E1轻污染

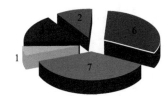

图 5-35　住区内实测样点环境的空气清洁度分布图（续）

住区内实测样点环境的空气清洁度分析

表 5-86

实测样点	规划布局	空间形态	建筑密度	交通路网	植物绿化	其他	空气清洁度
样点 1	行列式规整布局	较明显开敞空间	低层高密度	与风向斜交	简单植被配置、高大乔木为主	人员聚集较多	A 级最清洁占 10.5%，D 级允许为主，占 36.8%，污染占 26.3%
样点 2	行列式规整布局	无明显开敞空间	多层高密度	与风向斜交	简单植被配置、灌草为主	人员聚集一般	A 级最清洁占 5.3%，C 级中等清洁为主，占 36.8%，污染占 5.3%
样点 3	行列式规整布局	无明显开敞空间	多层高密度	与风向斜交	简单植被配置、灌草为主	人员聚集一般	A 级最清洁占 5.3%，D 级允许占 47.4%，污染占 31.6%
样点 4	自由式布局	较明显开敞空间	多层高密度	与风向斜交	复层结构、灌草为主	人员聚集一般	A 级最清洁占 10.5%，B 级清洁为主，占 31.6%，污染占 15.8%
样点 5	自由式布局	较明显开敞空间	多层高密度	与风向斜交	简单植被配置、灌草为主	人员聚集一般	A 级最清洁占 5.3%，B 级清洁为主，占 31.6%，污染占 26.3%
样点 6	自由式布局	较明显开敞空间	低层高密度	与风向斜交	复层结构、静态水体较多	人员聚集较多	A 级最清洁占 15.8%，C 级中等清洁为主，占 31.6%，污染占 5.3%
样点 7	自由式布局	无明显开敞空间	主广场	与风向斜交	水体	人员聚集多	A 级最清洁占 5.3%，D 级允许占 42.1%，污染占 10.5%
样点 8	自由式布局	明显开敞空间	主广场	与风向平行	硬地	人员聚集多	A 级最清洁占 21.1%，D 级允许为主，占 26.3%，污染占 26.3%
样点 9	自由式布局	较明显开敞空间	高层高密度	与风向斜交	简单植被配置、乔草结构为主	人员聚集一般	A 级最清洁占 15.8%，B 级清洁和 D 级允许为主，各占 26.3%，污染占 21.1%
样点 10	自由式布局	较明显开敞空间	高层高密度	与风向平行	单一配置、草坪	人员聚集一般	A 级最清洁占 26.3%，D 级允许占 26.3%，污染占 31.6%
样点 11	自由式布局	无明显开敞空间	高层高密度	与风向平行	复层结构、灌草为主	人员聚集一般	A 级最清洁占 26.3%，B 级清洁占 21.1%，污染占 21.1%
样点 12	自由式布局	较明显开敞空间	高层高密度	与风向斜交	复层结构	人员聚集一般	A 级最清洁占 31.6%，B 级清洁为主，占 36.8%，污染占 10.5%

图 5-36 夏季住区实测样点环境的空气负离子浓度和空气清洁度分布图

图 5-37　冬季住区实测样点环境的空气负离子浓度和空气清洁度分布图

5.6　本章小结

根据对住区室外环境空气负离子浓度的时空序列分布情况，对住区各实测样点在不同环境特征下（包括建筑布局、空间形态、建筑密度、交通路网、植物绿化等）的空气负离子浓度与风速进行了相关分析和偏相关分析，并进一步对各实测样点的空气清洁度进行分析，对得出的结论归纳如下。

5.6.1　空气负离子的时空分布特征

（1）在不同的季节，住区室外环境的空气负离子浓度变化较为明显，夏季最高，冬季最低。总体看来，9：00—10：00 和 14：30—15：30 区间空气负离子浓度最高，10：30 和 16：00—16：30 区间空气负离子浓度相对较低。夏季中空气负离子与风速有明显相关性，秋冬季节则不明显。

（2）在不同的空间，住区室外环境空气负离子浓度的变化与风速的变化趋势有一定相关性，有利于风与风之间摩擦并通畅流动的空间负离子浓度偏高，不能保证气流的通畅并伴随着气流速率衰减的空间空气负离子浓度偏低。

5.6.2　空气负离子浓度与建筑通风的关系

（1）若要精确地研究空气负离子浓度与通风之间的关系，需要运用统计学方法进行相关性和偏相关性分析。通过偏相关系数与相关系数比较，确定两个变量之间的内在线性关系会更真实更可靠。

（2）当风速低于 1m/s 时，对负离子浓度的影响不明显，风速高于 1m/s 时，风速产生的摩擦对负离子浓度有显著增大的效果。由于秋季和冬季近地面的风速普遍不高（介于 0.6~0.8m/s），因此风速对空气负离子的浓度影响不明显。而夏季平均风速值较高，达到 1.16m/s，其中最大值达到 2.32m/s，因此夏季风速对空气负离子浓度的影响较为显著。

（3）根据不同环境特征下住区各实测样点环境的空气负离子与风速的相关分析和偏相关分析中，夏季风速与空气负离子呈极显著负相关。夏季主导风向为东南风且风速较大，风速平均值达到 1.16m/s。得到的线性回归方程 $Y=-0.001X-0.003$ 可靠度较高。秋季和冬季的主导风向为北风，平均风速值为 0.88m/s 和 0.93mm/s，低于 1m/s，因此与空气负离子浓度的关系不明确。

（4）住区内风速的稳定是提高环境空气负离子浓度的重要因素，空气负离子浓度高的环境通风状况好。

5.6.3 优化住宅建筑组群的布局

（1）建筑规划布局应尽可能地有机灵活，但要防止建筑的无序布局对气流运行的稳定性影响。纯粹的多层建筑行列式布局所形成的空间和道路比较规整，其线形空间不利于风与风之间的摩擦。在满足规范的日照和消防间距前提下，行列式布置的组群需调整建筑之间的线形空间，引导气流进入住宅群内，并利用狭管效应使风量不变，风道变小，来加剧空气的流动速度，改善通风效果并不断激发空气负离子浓度。

（2）建筑物的高低和密度与气流的变化有着直接的关系。在住区建筑群体空间组合中，不同建筑高度和体量存在着一定的变化，高低层建筑的搭配布局与同高度建筑群体布局相比具有不同的环境条件。由于风速是随着高度的增加而不断加强，同时住宅高度增加时涡流范围也随之增加，因此高低层建筑的搭配布局方式直接影响群体建筑之间的风场。

（3）规划布局中不能片面地追求高建筑密度而过多地压缩住宅间距，影响建筑之间的通风和日照。从夏季自然通风降温和冬季保证日照时间出发，夏热冬冷地区的间距仍以稍大为宜。

（4）住区建筑外部风环境因素的形成是建筑底部空间的构成所形成的各种因素综合作用的结果。建筑设计中，任何针对风环境的设计策略制定都是适时适地的对各种问题综合分析的结果，而非简单地照搬照用，任何作用都具有不利和有利的一面，关键在设计中如何把握，从而达到各种因素的平衡与统一。

5.6.4 保证开敞空间的有效性

（1）开敞空间的设计将有利于调节建筑室外环境的通风。开敞空间规模越大，在气流运动方向上涉及的范围越广，越容易恢复被建筑或其他遮挡物改变后的风速，其激发并保持空气负离子浓度的能力越强。同时开敞空间的有效性要有所保证，加强空气流通并提高负离子浓度，为人们营造健康宜居的生活环境。

（2）夏热冬冷地区的城市中南向空间开敞是不争的事实，但对于冬季风上风向界面处的封闭与开敞性程度要灵活平衡各种不同气候因子条件而定。建筑设计时，应更多考虑夏季通风而不是冬季防风。北面空间的过度封闭在阻挡冬季风的同时会进一步阻碍夏季风的流动，不利于空气负离子激发和保持，也不利于室外空间的散热。

（3）住区的封闭与开敞性程度应首先保证住区获得理想的风环境，减小污染及有利于人的健康作为前提。在满足日照间距的情况下，建筑师可根据风环境模拟结果不断地调整并优化方案，设计出与气候环境适宜的建筑布局形态。

5.6.5 合理布置交通路网和植被绿化

（1）道路的空间形态直接影响了道路的风环境，关系到人的健康和在住区空间内的舒适感。道路与主导风向平行时，风速最大，有利于空气负离子的激发产生，与主导风向斜交时，斜交的角度越大越不利于气流的通畅，接近垂直时气流运动阻碍最大。

（2）植被绿化影响了建筑室外环境的通风。尤其高大乔木的枝冠茂密，具有较强的降低风速的作用，但同时也带来了降尘和滞尘的巨大作用。

5.6.6 住区环境空气清洁度评价

运用空气负离子对住区环境的空气清洁度做了初步评价，空气负离子浓度与空气清洁度有着密切关系，不同的环境特征下空气清洁度存在差异。应用单极系数（q）和安培空气质量评价指数（CI）分析住区环境的空气清洁度，住区环境空气清洁度以"允许"和"清洁"为主，等级多分布在 D 级和 B 级，住区整体环境空气清洁度较好。

6 城市绿地环境空气负离子浓度的时空分布研究

6.1 实测数据获取

6.1.1 研究地概况

安徽省合肥市地处中纬度地带，北纬 31° 52'，东经 117° 17'，是季风气候最为明显的区域之一，属于典型的夏热冬冷地区气候代表城市，全年气温夏热冬冷，春秋温和，年平均气温在 15~16℃之间，属于温和的气候型，夏季平均气温为 27.5~28.5℃左右，冬季月平均气温在 1.5~5.0℃之间，相对湿度的年变化与温度年变化相一致，夏季最大，冬季最小。城市主导风向为东南风，其中夏季东南风，冬季偏北风，年平均风速在 1.6~3.3 m/s 之间。

天鹅湖地处合肥政务文化新区核心，北纬 31° 48'，东经 117° 13'，东邻潜山路、南邻祁门路、西邻圣泉路、北邻东流路，是在原担负着防汛泄洪功能的十五里河河道基础上修建而成的人工景观湖。周边环绕合肥大剧院、市政府、省广电中心、合肥奥体中心等标志性公共建筑和多座商业综合体以及大量新建高层住区。天鹅湖始建于 2003 年，水深 3.5m，占地约 1000 亩，周长 3.5km，目前是合肥市内最大的开放式公园，周边有大片绿地，包括各种雕塑、园林树木、人工沙滩、喷泉等景观，如图 6-1 所示。植物绿化环绕在天鹅湖周围，植被覆盖率约 80%，主要有桂花（Osmanthus fragrans (Thunb.) Lour.）、银杏（Ginkgo biloba L.）、黄山栾树(Koelreuteriaintegrifoliola)、合欢(AlbiziajulibrissinDurazz)、水杉（Metasequoia glyptostroboides Hu & W. C. Cheng）、垂柳（Salix babylonica）、石楠（Photinia se

图 6-1 合肥市天鹅湖实景

rrulata Lindl.）、金叶女贞（Ligustrum vicaryi）、红花檵木（Loropetalum chinense var.rubrum）、栀子花（Gardenia jasminoides）、粉红绣线菊（Spiraea japonica L. f.）、南天竹（Nandina domestica）、金丝桃（Hypericum monogynum L.），行道树以香樟（Cinnamomum camphora (L.) Presl.）和悬铃木（Platanus acerifolia）为主。

6.1.2 样地选择

为了减少周围环境和样本类型等因素的影响，在天鹅湖周边选取密林地、疏林地、草地三种典型绿地作为样地，同时为了对比不同下垫面类型对空气负离子和PM2.5浓度的影响，选取远处一处空旷广场作为非绿地对照观测点。三种典型绿地的结构特征为：①疏林地：面积约1200m²，主要树种为黄山栾树，黄山栾树高5.5~6.5m，胸径15~22cm，冠幅3×4m，郁闭度30%；林下覆草为矮生百慕大草，草地覆盖度85%。②密林地：面积约800m²，主要树种为香樟，香樟树高6.5~7.5m，胸径22~28cm，冠幅3.5m×4.5m，郁闭度90%；林下覆草为矮生百慕大草，草地覆盖度70%。③草地：面积约400m²，主要为矮生百慕大草，覆盖75%。④远离绿地一处空旷广场设置一个对照广场，为硬质铺地，如图6-2所示。

图 6-2　实测样地

6.2　不同类型绿地与空气负离子浓度的关系

6.2.1　三种类型绿地以及对照广场负离子浓度的时间序列变化特征

1. 夏季数据

夏季三种类型绿地以及对照广场空气负离子浓度日变化均较明显，其中密林地、草地、对照广场负离子浓度呈现出中午低，上、下午较高的特征，如图6-3所示。由于植被组成与郁闭度的不同，最高和最低浓度的时间差别也较大。其中密林地浓度最高值出现在 16：00，为 251ion/cm³；浓度最低值出现在 14：00，为 165ion/cm³。疏林地浓度最高值出现在 14：00，为 290ion/cm³；浓度最低值出现在 8：00，为 198ion/cm³。草地浓度最高值出现在 9：00，为 198ion/cm³；浓度最低值出现在 15：00，为 110ion/cm³。对照广场浓度最高值出现在 11：00，为 139ion/cm³；浓度最低值出现在 10：00，为 85ion/cm³。

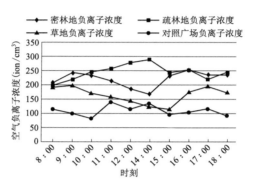

图 6-3　夏季三种类型绿地以及对照广场空气负离子浓度的时间序列变化

2. 冬季数据

冬季三种类型绿地以及对照广场空气负离子浓度日变化亦均较明显，如图 6-4 所示。密林地、疏林地与草地的浓度值均近似且呈下降趋势，浓度最高值均出现在 12：00，分别为 360ion/cm³、285ion/cm³ 和 323ion/cm³；浓度最低值均出现在 18：00，分别为 75ion/cm³、70ion/cm³ 和 80ion/cm³。由于冬季白天空气温度逐渐升高，湿度逐渐降低，因而对负离子浓度产生影响。对照广场的浓度最高值出现在 12：00，为 185ion/cm³；浓度最低值出现在 18：00，浓度值为 40ion/cm³，如图 6-4 所示。

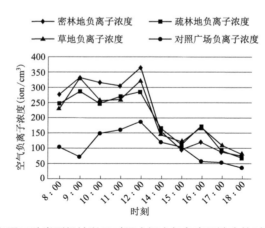

图 6-4　冬季三种类型绿地以及对照广场空气负离子浓度的时间序列变化

3．结果分析

　　三种类型绿地以及对照广场空气负离子浓度日变化较明显，如图6-5所示，呈现出上午高，下午低的趋势。相关研究表明，一天中空气负离子浓度变化较为明显，白天多大于夜间。[156] 虽然三种类型绿地的空气负离子浓度峰值、谷值时间不一致，但都是在上午，其中密林地和草地浓度最高值在9：00，最低值在18：00和15：00；疏林地浓度最高值在12：00，最低值在18：00；对照广场浓度最高值在14：00，最低值在18：00。同一时刻中对照广场空气负离子浓度最低，均低于三种类型绿地，峰值期间差异尤其明显。

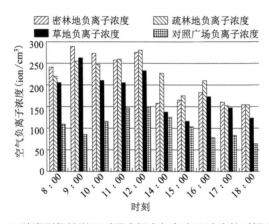

图6-5　三种类型绿地以及对照广场空气负离子浓度的时间序列变化

6.2.2　三种类型绿地以及对照广场空气负离子浓度的空间序列变化特征

1．夏季数据

　　由图6-6得知，夏季四块样地之间空气负离子浓度存在显著差异，空气负离子平均浓度从大到小的顺序是：疏林地、密林地、草地、对照广场。其中，对照广场和草地的负离子浓度均极显著低于密林地和疏林地，密林地和疏林地的负离子浓度较高且稳定，而疏林地的负离子浓度略大于密林地。

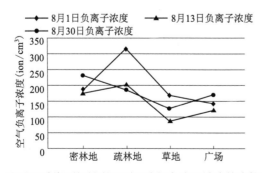

图6-6　夏季三种类型绿地以及对照广场负离子浓度的空间序列变化

2. 冬季数据

由图6-7得知，冬季四块样地之间空气负离子浓度存在显著差异，空气负离子平均浓度从大到小的顺序是：草地、密林地、疏林地、对照广场。其中12月2日草地的风速较大，导致负离子浓度增大，因而整体平均值偏高，其他测试期间均稳定。

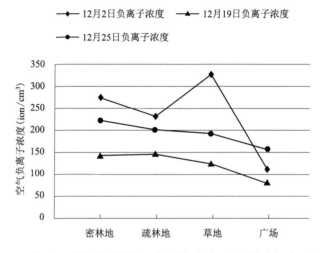

图6-7 冬季三种类型绿地以及对照广场负离子浓度的空间序列变化

3. 结果分析

根据图6-8得知，夏冬季三种类型绿地以及对照广场的空气负离子浓度由大到小依次为：疏林地、密林地、草地、对照广场。由于植被结构不同，浓度平均值差别较大，其中密林地与疏林地平均值较高且稳定，夏季疏林地负离子浓度最高，为241ion/cm³，冬季草地负离子浓度最高，为210ion/cm³，夏冬季对照广场负离子最低，分别为148ion/cm³ 和118ion/cm³。

综合上述分析可以得出以下观点：

（1）乔灌草组合结构比其他植物结构类型产生的空气负离子浓度高。

（2）密林地植物密度过高，且风速接近于零，因而不易产生负离子。而疏林地风速较大，因而对负离子浓度产生影响，能有效显著地增加负离子浓度。

（3）密林地植被郁闭度过大而导致阳光无法透过树冠层叶片照射到地被层植物叶片上，从而植物叶片无法进行光电效应，[157]降低了空气负离子浓度。

（4）草地冬季负离子浓度显著高于夏季。测试期间草地冬季的平均风速和最大风速均高于夏季，空气的流动增加了空气之间的摩擦，加速了空气分子发生电离，因此风增加了离子的迁移速率，[133]通过摩擦激发产生空气负离子并疏散颗粒物。

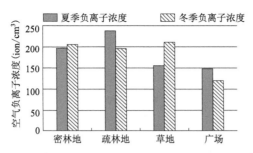

图 6-8　夏冬季三种类型绿地以及对照广场负离子浓度的空间序列变化

6.2.3　三种类型绿地以及对照广场空气质量评价

运用单极系数和安培空气质量评价指数对三种类型绿地以及对照广场的空气质量进行评价。

1. 夏季三种类型绿地以及对照广场空气质量评价

根据表 6-1 得知，夏季密林地和疏林地评价指数明显高于草地与对照广场，疏林地评价指数最高，属于中等清洁；密林地评价指数略低，空气清洁度属于容许范围；草地属于轻污染，空气质量稍好于对照广场；对照广场空气质量最差，属于中等污染。

夏季三种类型绿地以及对照点广场的空气质量评价　　　　　　　　　表 6-1

绿地类型	空气负离子浓度 (ion/cm³)	空气正离子浓度 (ion/cm³)	CI	等级
密林地	223.76	113.79	0.44	D
疏林地	241.69	114.54	0.51	C
草　地	151.29	104.04	0.22	E
广　场	145.56	151.34	0.14	E

2. 冬季三种类型绿地以及对照广场空气质量评价

根据表 6-2 得知，冬季草地评价指数明显高于密林地、疏林地与对照广场，草地清洁度属于容许范围；密林地评价指数稍好于疏林地，空气清洁度均属于轻污染；对照广场空气质量最差，属于重污染。

冬季三种类型绿地以及对照广场的空气质量评价　　　　　　　　　表 6-2

绿地类型	空气负离子浓度 (ion/cm³)	空气正离子浓度 (ion/cm³)	CI	等级
密林地	252.09	216.98	0.29	E
疏林地	224.57	202.85	0.25	E
草　地	287.99	187.83	0.44	D

续表

绿地类型	空气负离子浓度 (ion/cm³)	空气正离子浓度 (ion/cm³)	CI	等级
广 场	106.78	264.77	0.04	E

3．三种类型绿地以及对照点空气质量评价

对夏冬两季实测样地的空气质量进行评价，得出表6-3。由表6-3可以看出，三种类型绿地夏冬季空气负离子平均浓度差异不大，因而三种类型绿地的 CI 指数接近，等级为 D，空气清洁度属于容许；而对照广场的空气负离子平均浓度显著低于三种绿地，因而 CI 指数最低，等级为 E 级，空气清洁度属于重污染。

夏冬季三种类型绿地以及对照广场的空气质量评价　　　　表6-3

绿地类型	空气负离子浓度 (ion/cm³)	空气正离子浓度 (ion/cm³)	CI	等级
密林地	240.30	173.09	0.33	D
疏林地	232.89	151.45	0.36	D
草 地	231.36	147.39	0.36	D
广 场	119.16	222.66	0.06	E

综合上述分析可以得出以下观点：

（1）三种类型绿地的空气质量明显高于对照广场。有植物的地方比无植物的地方高[25]，植被是产生空气负离子的一种重要方式之一，因此绿地对提升空气负离子浓度具有显著作用。

（2）夏季阳光充沛，空气流通较好，冬季城市雾霾较重，因而降低了负离子浓度，CI 指数。

（3）从绿地组成植被对负离子的影响来看，高大乔木光合作用、蒸腾旺盛，且易产生大量水气，从而增加负离子浓度，CI 指数高，空气质量高。

（4）从绿地结构来看，密林地中树木郁闭度高、绿量大，但 CI 指数却低于郁闭度较小的疏林地。这可能与密林地内的植物密度高、透气性和通风条件相对较弱有关。高大乔木组成的乔灌草、乔草林内郁闭度和地被物覆盖度高、绿量高，负离子损耗少。乔灌草和乔草型样地中，人流量少，也相应地减少了对负离子浓度的影响。

（5）从绿地周边环境来看，对照广场附近的车辆尾气排放和地面扬起的灰尘以及下垫面类型不同导致了硬质铺地广场的负离子浓度低于覆土路面，使得对照广场的 CI 指数低，空气质量差。同样由于周围环境空旷，四周没有树木，草地样点的负离子浓度或空气质量与对照广场相似。

6.3 不同类型绿地与 PM2.5 浓度的关系

6.3.1 三种类型绿地以及对照点 PM2.5 浓度的时间序列变化特征

1. 夏季数据

夏季三种类型绿地以及对照广场内空气 PM2.5 浓度日变化均较明显，近似呈双峰单谷型，上午与下午 PM2.5 浓度值较大，中午较低，如图 6-9 所示。密林地、疏林地与对照广场 PM2.5 浓度最高值均出现在 10：00，分别为 83μg/m³、62μg/m³ 和 95μg/m³，草地 PM2.5 浓度最高值出现在 9：00，为 71μg/m³；浓度最低值均出现在 18：00，分别为 37μg/m³、27μg/m³ 和 52μg/m³ 和 38μg/m³。

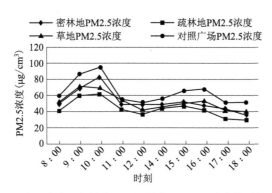

图 6-9　夏季三种类型绿地以及对照广场 PM2.5 浓度的时间序列变化

2. 冬季数据

冬季三种类型绿地以及对照广场内空气 PM2.5 浓度日变化较为平缓，如图 6-10 所示。疏林地、草地、对照广场 PM2.5 浓度最高值均出现在 15：00，分别为 100μg/m³、103μg/m³ 和 106μg/m³，密林地 PM2.5 浓度最高值出现在 16：00，浓度值为 101μg/m³；样地 PM2.5 浓度最低值均出现在 8：00，分别为 65μg/m³、67μg/m³、75μg/m³ 和 68μg/m³。

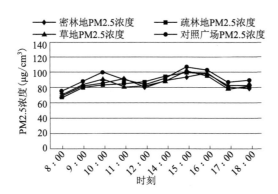

图 6-10　冬季三种类型绿地以及对照广场 PM2.5 浓度的时间序列变化

3．结果分析

三种类型绿地以及对照广场的PM2.5浓度日变化较明显，呈现出双峰双谷式，即早中晚低，白天高。四块样地的PM2.5浓度最高值均出现在10：00，9：00和15：00为次高峰，低谷值出现在8：00、12：00和18：00，如图6-11所示。

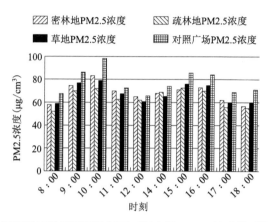

图6-11 夏冬季三种类型绿地以及对照广场PM2.5浓度的时间序列变化

6.3.2 三种类型绿地以及对照广场PM2.5浓度的空间序列变化特征

1．夏季数据

测试期间空气PM2.5浓度均较稳定，实测样地之间差异不显著。对照广场PM2.5浓度相对最大，密林地与草地PM2.5浓度几乎无差别，次之，疏林地PM2.5浓度相对最低，如图6-12所示。

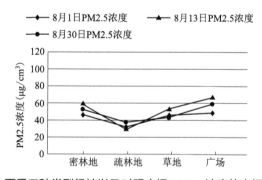

图6-12 夏季三种类型绿地以及对照广场PM2.5浓度的空间序列变化

2．冬季数据

测试期间空气PM2.5浓度均较稳定，实测样地之间差异不显著。其中12月19日的PM2.5浓度明显大于另外两天，与当天雾霾天气影响较大，如图6-13所示。

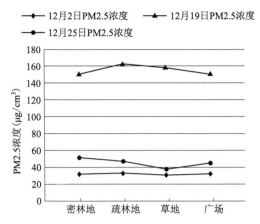

图 6-13　冬季三种类型绿地以及对照广场 PM2.5 浓度的空间序列变化

3. 结果分析

夏季实测样地差异较显著，冬季不显著。夏季疏林地 PM2.5 浓度最低，对照广场 PM2.5 浓度最高，密林地与草地 PM2.5 浓度几乎无差别。冬季实测样地的 PM2.5 浓度均大于夏季，如图 6-14 所示。当绿地植物郁闭度到达某一个较高的临界值时，会影响植物内部的通风环境，同时夏季湿热明显，导致空气流通较差，PM2.5 浓度随着郁闭度增大而逐渐升高。

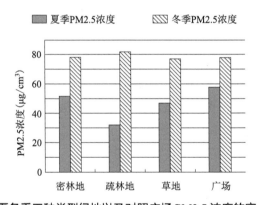

图 6-14　夏冬季三种类型绿地以及对照广场 PM2.5 浓度的空间序列变化

6.4　不同类型绿地空气负离子与 PM2.5 浓度的相关分析

绿地内部局地微气候因素如温度、湿度、风速等对空气负离子浓度和 PM2.5 浓度均有重要的影响。[107] 因此基于三种类型绿地以及对照广场的监测数据，分别将温度、湿度、风速与空气负离子与 PM2.5 浓度进行了相关性分析，如表 6-4 和表 6-5 所示。

四块样地 PM2.5 浓度与空气负离子及微气候指标的相关系数　　　表 6-4

ε 相关				
绿地类型	温度	相对湿度	风速	空气负离子浓度
密林地	− 0.589**	0.798**	− 0.632**	− 0.673**
疏林地	− 0.688**	0.741**	− 0.285*	− 0.631**
草 地	− 0.633**	0.895**	− 0.428**	− 0.257*
广 场	− 0.611**	0.765**	− 0.199	− 0.507**

**：表示极显著，$P \leqslant 0.01$；*：表示显著，$P \leqslant 0.05$。

四块样地空气负离子浓度与 PM2.5 及微气候指标的相关系数　　　表 6-5

ε 相关				
绿地类型	温度	相对湿度	风速	PM2.5 浓度
密林地	− 0.081**	− 0.434**	0.268**	− 0.673**
疏林地	0.202**	− 0.180**	0.255**	− 0.631**
草 地	− 0.267**	− 0.598**	0.276**	− 0.257*
广 场	0.272**	− 0.152**	0.040	− 0.507**

**：表示极显著，$P \leqslant 0.01$；*：表示显著，$P \leqslant 0.05$。

从表 6-5 看出，总体上四块样地空气负离子浓度与湿度和 PM2.5 呈现出显著负相关，与风速呈现出显著正相关，与温度的相关性不明确。说明风速越大，负离子浓度越高；湿度越大，负离子浓度越低；负离子浓度与 PM2.5 浓度的关系显著；温度对空气负离子的影响不确定。[84,107,157]

6.5　本章小结

合理的绿地空间布局能够提高空气负离子浓度、降低颗粒物污染并改善空气质量。四块样地的空气负离子浓度日变化均较明显，绿地空气负离子浓度和空气质量明显高于对照广场。但是由于植被组成不同，不同类型绿地的空气负离子浓度存在较显著差异。四块样地的 PM2.5 浓度日变化较明显，呈现出双峰双谷型，即白天高，早中晚低。绿地 PM2.5 浓度明显低于对照广场。同时进一步运用 SPSS 分析空气负离子与 PM2.5 浓度、温湿度、风速的相关性，得出空气负离子浓度与 PM2.5 浓度呈现出显著负相关，与相对湿度呈现出显著负相关，与风速呈现出显著正相关，与温度关系不明确。

7　结论和展望

7.1　结论

空气负离子作为"空气维生素"，对环境的净化作用和人体的健康作用都相当显著。结合理论研究和文献综述以及作者开展的实验室模拟和实地观测的结论表明，空气的摩擦在一定的临界风速下可以激发产生负离子，并呈现出明显的相关性。因此风作为对建筑环境产生影响较大的微气候要素之一，对环境空气负离子浓度有非常重要的影响。利用空气负离子浓度与通风的评价能够指导住区室外环境的通风设计，并对城市住区的通风状况进行适应性的评价，将其作为城市住区通风的直接检测以及评价参数和标准之一。其不仅对居住区人居环境建设方面有具体的指导意义，同时对于现代新型旅游项目、疗养院以及养老院等建筑的设计及建设具有指导意义和参考价值。

本书通过对南部沿海某省份和某城市以及合肥、武汉等多地的室内外环境空气负离子和相关环境因子进行了实地观测，通过理论研究、实验室模拟研究和实证研究对空气负离子的时空分布以及其与环境因子的关系进行了深入的研究，并进行相关系数和偏相关系数分析对比。研究目的是在城市住区空间布局可以优化的前提下探讨空气负离子与建筑通风的相关关系，一方面评价住区内不同环境特征的通风设计，对城市住区通风状况进行适应性的评价；另一方面将其作为城市住区通风的直接检测以及评价参数和指标之一，最终形成一套可行的城市住区通风状况的定量化评价方法，进而作为住区室外环境空气清洁度的评价参数和标准之一。

7.1.1　建筑通风是保障人居环境的关键因素

在建筑领域，建筑通风研究一直是建筑相关专业的研究热点之一，自然通风更是建筑师主导的使用技术之一。建筑通风不仅是保障人居环境的关键因素，同时它还与人体舒适度和建筑节能也密切相关，因此在城市住区规划与建筑设计中应加强建筑通风，并根据不同地域环境以及不同季节要求有所不同，以当地主导气候为基础组织自然通风，改善人居环境。

风作为主要的气候要素之一对建筑环境产生了极其重要的影响，随着风与风之间的摩擦增大，可以加强空气的流动，用主动地方式产生尽可能多的空气负离子。因此空气负离子浓度是建筑通风的必要条件。空气负离子浓度高的环境场所，建筑通风状况好。

7.1.2 自然通风状态下的建筑环境空气负离子浓度研究具有重要意义

自然环境是人类栖居的理想环境，空气负离子浓度和空气清洁度指标远远高于城市环境。通过理论研究和作者的实地观测，自然通风状态下空气负离子浓度的激发和保持能力较为显著。以自然环境中的空气负离子浓度和空气清洁度为参考标准，加强自然通风，通过主导风向的引导和帮助，运用适宜的工程技术创造现代社会的人居环境品质。

通过不同通风状态下建筑室内空气负离子浓度的实验研究，发现负离子浓度从大到小依次为：自然通风状态 > 新风系统 > 封闭状态。当室内开启新风系统，相比较于自然通风状态下的空气负离子浓度基本相当，室内空气质量和空气清洁度差异不大。同时在室内温度和相对湿度方面更能满足室内人体的舒适度要求；相比较于封闭状态下的空气负离子浓度优势则非常显著，室内空气清洁度差异较大，同时在室内温度和相对湿度方面新风系统明显有益于人体健康和舒适度。

随着全球气候变化和城市办公自动化智能化的逐步更新，人们平均每天在室内度过的时间为总时间的88%，封闭状态占据了人们日常主要工作和生活。因此如何提高封闭状态下的室内空气负离子浓度，减少污染物的影响，需要对建筑通风设计进行优化，在室内外边界区域不断发生负离子交换，引入穿堂风以改善室内外微气候环境。

7.1.3 确立城市住区环境空气负离子浓度的时空分布特征

空气负离子浓度随时间变化差异很大，主要受风速、温度和湿度等因子的影响，同时也受人类活动等随机因素的影响，但影响不是非常关键。

在不同的季节，住区室外环境空气负离子浓度变化较为明显，夏季最高，冬季最低。夏季负离子浓度随时间变化大，最高值与最低值平均浓度差异为 $313ion/cm^3$。秋季负离子浓度随时间变化较大，最高值与最低值平均浓度差异为 $258ion/cm^3$。冬季负离子浓度随时间变化不大，最高值与最低值平均浓度差异为 $186ion/cm^3$。总体看来，9：00—10：00 和 14：30—15：30 区间空气负离子浓度最高，10：30 和 16：00—16：30 区间空气负离子浓度相对较低。

在不同的空间，住区室外环境空气负离子浓度的变化与风速的变化趋势较为一致，有利于风与风之间摩擦并通畅流动的空间负离子浓度偏高，不能保证气流的通畅并伴随着气流速率衰减的空间空气负离子浓度偏低。

7.1.4　夏季城市住区环境空气负离子浓度与风速呈极显著负相关

城市住区室外环境的空气负离子与风速、温度、正离子存在一定相关性。运用 SPSS 对这些因变量进行相关分析和偏相关分析，风速的摩擦只有在一定的临界风速下才可以激发产生空气负离子，根据作者的研究当平均风速低于 1m/s 时，对负离子的影响不明显，平均风速高于 1m/s 时，风速产生的摩擦对负离子浓度有显著增大的效果，与负离子呈现出极显著负相关，当超过 3m/s 时，负离子浓度的增大效果非常显著。由于秋季和冬季近地面的风速普遍不高（介于 0.6~0.8m/s），因此风速对空气负离子的浓度影响不明显。而夏季平均风速值较高，达到 1.16m/s，其中最大值达到 2.32m/s，因此夏季风速对空气负离子浓度的影响较为显著。并根据夏季测试数据得出空气负离子与风速的线性回归方程，$Y=-0.001X-0.003$。

根据理论研究和实验室模拟研究结果，空气负离子浓度保持高浓度的能力和传播的距离成负相关，随着距离的增大，风速摩擦产生的负离子浓度扩散能力越来越低。尤其在静风中扩散时，传播距离非常有限。随着风速的增大，当距离到了 3m 之后，浓度就几乎为 0 了。一定范围内的风速对于空气负离子的传播是有效的，效果要好于静风状态；当超过 4.6~6.4m/s 区间的风速，负离子的传播能力有所下降，但仍好于静风状态。

7.1.5　空气负离子浓度可作为城市住区通风的直接检测以及评价参数和标准之一

目前国内外规范中对于住区室外环境的通风评价缺少统一的规则和标准，通过对空气负离子浓度与通风的相关关系研究发现，可以将空气负离子浓度作为城市住区通风的直接检测以及评价参数和标准之一，并对城市住区室外环境的通风状况进行适应性评价，最终形成一套可行的城市住区室外环境通风状况的定量化评价方法。

7.1.6　指导住区规划布局的通风设计

在建筑群的规划和设计上，不同建筑布局的分区、建筑形态的组合、开敞空间的设计以及交通流线的组织等对空气负离子浓度与通风的相关关系产生影响，把空气负离子浓度和通风作为评价住区不同环境通风状况的一个重要指标，丰富住区室外环境的通风设计方法和评价标准。

夏热冬冷地区建筑设计考虑更多的是夏季通风，建筑的形态、布局及外部空间关系直接影响到风速的摩擦，开敞空间的设计和线形道路的组织更是气流运行的主要通道，风与风之间的摩擦包含了不同季节和不同地点的"用"与"防"这两个因素的对立统一。建筑规划布局应尽可能地有机灵活，但同时要防止建筑的无序布局对气流运行的稳定性影响。因此要求建筑向综合性、灵活性、适应性方面发展，平衡好双劣势气候条件下室外空间舒适性所要求的封闭与开敞性程度，增强建筑的气候适应性程度。通过城市住区规划与建筑设计调节住区内微气候环境状况，从而提高人居环境。

7.1.7 基于空气负离子浓度评价的建筑室内外环境空气清洁度具有可行性

建筑室内外环境中的空气负离子浓度有明显的差距，同时在空气负离子激发能量的来源和保持能力上有较大差别。结合理论研究和文献综述以及作者的实验室模拟和实测研究结论表明，空气负离子浓度、单极系数（q）和安培空气质量评价指数（CI），相比较而言，应用单极系数（q）和安培空气质量评价指数（CI）评价室外环境空气清洁度较为准确，而且空气清洁度与空气离子有一定相关性。

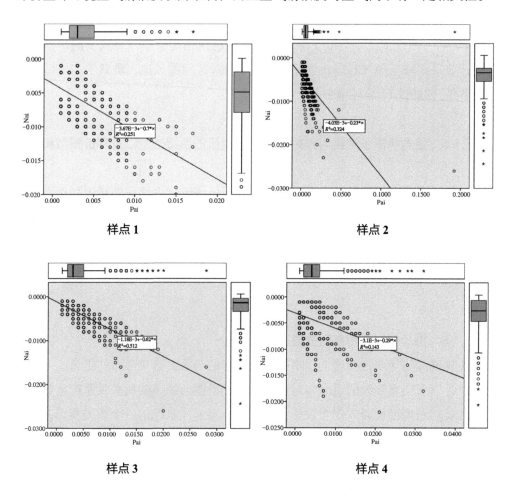

图7-1　各实测样点空气负离子与空气正离子线性回归分析

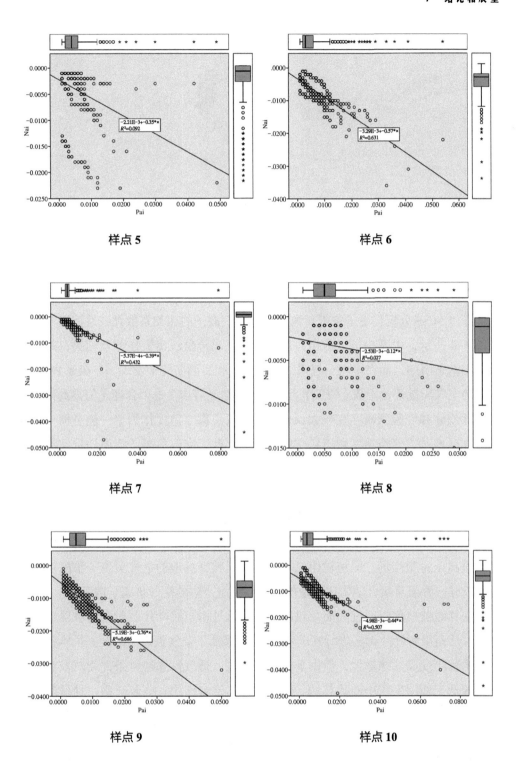

图 7-1 各实测样点空气负离子与空气正离子线性回归分析（续）

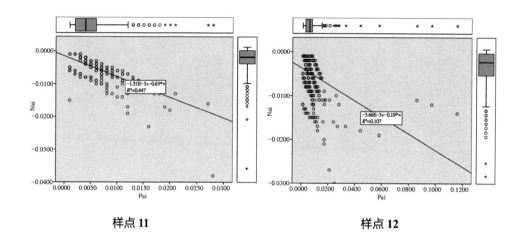

样点 11   样点 12

图 7-1　各实测样点空气负离子与空气正离子线性回归分析（续）

通过 SPSS 分析得出了空气负离子与空气正离子的相关系数和线性回归方程，如图 6-1 所示，由图中可以看出，负离子与正离子呈现出极显著负相关，其变化趋势图清晰明朗，而在室内空气清洁度的实验和实测研究中发现，单极系数（q）和安培空气质量评价指数（CI）作为评价室内空气清洁度是否合理是值得商榷的，与自然规律和经验判断存在较大误差，而空气负离子浓度作为单一测量值，能够相对准确地对空气清洁度做出科学的评价。因此，空气负离子浓度评价建筑室内外环境空气清洁度的可行性更高。

7.1.8　合理的绿地空间布局能够提高空气负离子浓度

4 块样地的空气负离子浓度日变化均较明显，绿地空气负离子浓度和空气质量明显高于对照广场。但植被组成不同，不同类型绿地的空气负离子浓度存在较显著差异。乔灌草组合结构比其他植物结构类型产生的空气负离子浓度高。

密林地植被郁闭度过大而导致阳光无法透过树冠层叶片照射到地被层植物叶片上，从而植物叶片无法进行光电效应，[157] 降低了空气负离子浓度。虽然密林地中树木郁闭度高、绿量大，但由于植物密度高、透气性和通风条件相对较弱，CI 指数却低于郁闭度较小的疏林地。而高大乔木光合作用、蒸腾旺盛，且易产生大量水气，从而增加负离子浓度。因此高大乔木组成的乔灌草、乔草林内郁闭度和地被物覆盖度高、绿量高，负离子损耗少，CI 指数高，空气质量高。

7.2 创新点

7.2.1 应用统计学方法得出空气负离子与环境因子的分布规律

本书以大量的居住区空气负离子和风速、温度、湿度和空气正离子等实测数据为依据，大尺度地探索了住区环境中空气负离子浓度与风速、温度、湿度和空气正离子之间的相关关系。同时整理了近4万个有效数据应用于空气负离子和风速的时空分布研究，推导出夏季风速与空气负离子的线性回归方程，并运用偏相关分析，得出空气负离子与风速呈极显著负相关。

同时运用SPSS分析得出了空气负离子与空气正离子的相关系数和线性回归方程，其变化趋势图清晰地呈现出两者为极显著负相关。

7.2.2 丰富城市住区室外环境通风的评价方法

风作为气候要素是对建筑环境产生重要影响的因子之一，它不仅能够提高住区环境的舒适度，还能减少污染物，改善人居环境质量。目前，我国居住区规范和标准虽然强调住区规划设计要综合考虑通风的要求进行设计，但是缺少定量化的评价方法和标准。

空气负离子与空气清洁度的应用方法和技术尚无系统的研究，处于探索阶段，同时我国也从未有把空气负离子浓度列入人居环境和绿色建筑评价指标体系的研究论证。本研究通过对不同风速和风向条件下的环境空气负离子浓度分布研究，得出不同环境特征下的建筑通风与空气负离子浓度的分布规律，在此基础上研究城市住区室外环境通风的适应性评价，为国家和行业标准的制定奠定了理论基础。

7.3 展望

空气负离子含量的高低是空气清洁度的指南针。空气负离子的含量水平已作为公园建立森林浴场、森林别墅区、度假疗养区、负离子吸收区的重要依据。[14]但是城市住区环境中的空气负离子研究属于应用基础研究，在我国尚无系统的研究，处于初步探索阶段。根据国内外学者的研究并结合学科特点，本研究拓展和打破了学科界限，加强了学科的合作与交叉，开启了理性设计新方向的一次新尝试，同时也为丰富现有住区室外环境的空气清洁度和空气质量评价奠定了研究平台。目前许多技术和应用层面的问题尚需要进行深入的研究，设想未来的工作研究可以在以下几个方向展开：

7.3.1 丰富实证研究的内容为完善人居环境质量评价体系奠定研究基础

由于实验条件有限，本书以合肥市某住宅小区为研究对象，样本和样点分布对于空气清洁度评价和负离子浓度与相关因子的相关性分析精度有一定影响。在未来的研究中，可以增加不同地区、不同类型的住区样本，并随机均匀分布整个区域。同时加强数据采集的准确性和严谨性，集空气离子、天气气象数据、植被绿化和 PM2.5 监测等功能于一体，对不同地域、不同季节、不同环境场所的空气负离子浓度进行长期同步的定位监测，厘清空气负离子浓度的时空分布规律以及其与环境因子之间的关系，准确地确定不同环境因子对负离子产生的贡献程度，从而更精确地进行负离子与微气候因子和环境因子相关关系的研究，为城市住区人居环境质量评价提供科学依据。

7.3.2 应用 PM2.5 实时监测不断完善空气负离子在城市住区中的测定和分析方法

自 2013 年以来我国中东部地区发生了持续大规模雾霾污染事件，尤其在秋冬季节更为严重，极不利于污染物扩散的天气过程和气象条件是大面积雾霾污染形成的客观原因。[12] 根据作者的研究在一定临界风速下风与负离子呈极显著负相关，风速的增加可以激发产生空气负离子，同时减少污染物。因此风是 PM2.5 与空气负离子的关键影响因子，也是对建筑环境产生重要影响的因素之一。

《环境空气质量标准》GB 3095—2012 把 PM2.5 作为一个负面指标列入了 AQI 空气质量指数。城市环境对于污染的净化能力、空气质量的清洁度，以及对于人群的舒适度，都是有一定限度的。随着城市经济发展、人口增长、城市规划建设以及人们日益关注自身生活环境质量的大背景下，更新完善评估体系以准确界定污染对环境空气质量和人体健康的损害是亟待完善的。今后的研究中运用 PM2.5 实时监测，与空气负离子进行对比分析，找出两者之间的相关关系。同时尝试建立空气负离子浓度评价模型，为丰富住区环境质量评价标准和内容提供科学依据，从而更为科学全面地指导和评价人居环境质量。

7.3.3 构建基于空气负离子浓度评价的城市住区风环境设计策略

城市中的粗糙元素主要为建筑，这些建筑都是刚性的、边角锐利的实体。建筑物在城市空间中并不是随机分布的，而是被组织在城市街区中，使得街道在建筑物中形成了气流可通过的通道。从气候角度来说，建筑间距影响墙体的日照和风力条件，间距的朝向至关重要。从通风潜力来看，即使间距仅为 2m，也可能使得建筑间的气流得到利用。由于建筑的摩擦作用，流经建筑上方及周边的气流的风速不断地变化，在一个特殊点（如高层建筑附近）的风速会很大。[134] 因此风速随着高度的变化远远比近地面处的变化复杂，建筑平面形态、立面造型、外墙材质等方面的差异性也极大地影响着建筑周围的风环境，造成气流加速或者下沉，从而改变环境的空气负离子浓度。即使流经平坦开敞地区，风依然会受到地表和植被的摩擦。而灌木和乔木会进一步增加摩擦，使得近地风速减小的速率加剧，[134] 并且对空气负离子浓度造成混合影响，因此城市风条件对于空气离子浓度的变化以及空气污染程度、人类健康和舒适度都具有直接和明显的影响。

　　同时由于室外通风环境的改变，在室内外边界交换区域也会对室内空气负离子产生起到很大的影响。因此在建筑设计中，基于空气负离子浓度的风环境设计策略可以丰富建筑通风设计的模式与方法，为夏热冬冷地区城市住区宜居规划与建筑设计提供科学依据。

参考文献

[1] 聂梅生 , 秦佑国 , 江亿 编著 . 中国绿色低碳住区技术评估手册 (版本 5/2011)
     [M]. 北京：中国建筑工业出版社 ,2011.

[2] 吴良镛 . 面对城市规划“第三个春天”的冷静思考 [J]. 城市规划 ,2002,26(2)：
     9–14,89.

[3] 王朝红 . 城市住区可持续发展的理论与评价——以天津市为例 [D]. 天津：天
     津大学 ,2010.

[4] 张智 . 居住区环境质量评价方法及管理系统研究 [D]. 重庆：重庆大学 ,2003.

[5] 姚鑫 . 城市居住区照明评价与设计标准研究 [D]. 天津：天津大学 ,2010.

[6] Max H. Sherman, Iain S. Walker. Meeting residential ventilation standards through
     dynamic control of ventilation systems[J]. Energy and Buildings, 2011,43(8):1904–
     1912.

[7] J. Laverge, X. Pattyn, A. Janssens. Performance assessment of residential mechanical
     exhaust ventilation systems dimensioned in accordance with Belgian, British, Dutch,
     French and ASHRAE standards[J]. Building and Environment, 2013,59(1)：177–186.

[8] 中华人民共和国住房和城乡建设部 . 城市居住区规划设计标准：GB 50180—
     2018[S]. 北京：中国建筑工业出版社，2018.

[9] 吴志勇 . 住宅通风效果评价方法 [D]. 西安：西安建筑科技大学 ,2009.

[10] 中华人民共和国住房和城乡建设部 . 民用建筑设计统一标准 [S]. 北京：中国
     建筑工业出版社，2019.

[11] 王晶晶，王烨捷 . 政协委员潘碧灵：雾霾在天上根子在地上 [N/OL].2013–03–
     08.http://news.hexun.com/2013–03–08/151847166.html.

[12] 佚名 . 十问雾霾 [N/OL].2013–01–14.http://news.ifeng.com/opinion/special/wumai/
     detail_2013_01/14/21151557_0.shtml .

[13] http：//news.163.com/13/0711/21/93HHELP400014JB6.html.

[14] 黄彦柳，陈东辉，陆丹，等 . 空气负离子与城市环境 [J]. 干旱环境监测 ,2004,4
     (18)：208–211.

[15] 倪军 . 城市不同功能区典型下垫面空气离子与环境因子的相关研究——以上
     海徐汇区为例 [D]. 上海：上海师范大学 ,2005.

[16] 邵海荣，杜建军，单宏臣，等 . 用空气负离子浓度对北京地区空气清洁度进行
     初步评价 [J]. 北京林业大学学报：自然科学版 ,2005,27(4)：56–59.

[17]　王薇，余庄，郑非艺.不同环境场所下空气负离子浓度分布特征及其与环境因子的关系 [J]. 城市环境与城市生态 ,2012,25(2)：38-40.

[18]　王薇，余庄.基于空气负离子浓度分布的建筑室内空气清洁度评价 [J]. 城市环境与城市生态 , 2012,25(2)：36-39.

[19]　王薇，余庄，冀风全.基于空气负离子浓度的城市环境空气清洁度评价 [J]. 生态环境学报 , 2013,22(3)：298-303.

[20]　王静 . 城市住区中住宅环境评估体系指导作用研究 [D]. 北京：清华大学 ,2006.

[21]　王振 . 夏热冬冷地区基于城市微气候的街区层狭气候适应性设计策略研究 [D]. 武汉：华中科技大学 ,2008.

[22]　夏桂平 . 基于现代性理念的岭南建筑适应性研究 [D]. 广州：华南理工大学 ,2010.

[23]　董洪光 . 我国煤矿区发展规模分析与适应性评价 [D]. 徐州：中国矿业大学 ,2009.

[24]　李少宁，韩淑伟，商天余，等 . 空气负离子监测与评价的国内外研究进展 [J]. 安徽农业科学 ,2009,37(8)：3736-3738.

[25]　邵海荣，贺庆棠 . 森林与空气负离子 [J]. 世界林业研究 ,2000,13(5)：19-23.

[26]　章志攀，俞益武，孟明浩，等 . 旅游环境中空气负离子的研究进展 [J]. 浙江林学院学报 ,2006,23(1)：103-108.

[27]　S. 图梅 . 大气气溶胶 [M]. 北京：科学出版社 ,1984.

[28]　夏廉博 . 人类生物气象学 [M]. 北京：气象出版社 ,1986.

[29]　孙景祥 . 大气电学基础 [M]. 北京：气象出版社 ,1987.

[30]　周义德，杨瑞梁，高龙，等 . 运用室内空气清新度确定封闭式车间空调系统最小新风量 [J]. 暖通空调 ,2008,38(2)：48-51,83.

[31]　于海泳 . 大连住宅小区风环境设计研究 [D]. 大连：大连理工大学 ,2010.

[32]　Quing San Cao and Xiaohua G. Grass-Ventilation and Room Patitious： Wind Tunnel Experiments on Indoor Airflow Distribution[J]ASHRAE Transaction,1994.

[33]　王智超，吴志勇 . 住宅通风效果评价方法的研究 [C]// 北京：北京市制冷学会 2010 年论文集·通风 & 净化 ,2010：185-190.

[34]　N.H.Nyuk, Hien Wong, Bernard Huang. Comparative study of the indoor air quality of naturally ventilated and air-conditioned bedrooms of residential buildings in Singapore[J]. Building and Environment, 2004,39(9)：1115-1123.

[35]　J. Hummelgaard, P. Juhl, K.O. Sabjornsson, et al. Indoor air quality and occupant satisfaction in five mechanically and four naturally ventilated open-plan office buildings[J]. Building and Environment, 2007,42(12)：4051-4058.

[36]　C.F. Gao, W.L. Lee. Evaluating the influence of openings configuration on natural

ventilation performance of residential units in Hong Kong[J]. Building and Environment, 2011,46(4): 961-969.

[37] A. Tablada, F. De Troyer, B. Blocken,et al. On natural ventilation and thermal comfort in compact urban environments – the Old Havana case[J]. Building and Environment, 2009,44(9): 1943-1958.

[38] Jie Han, Wei Yang, Jin Zhou. A comparative analysis of urban and rural residential thermal comfort under natural ventilation environment[J]. Energy and Buildings, 2009,41(2): 139-145.

[39] 韩杰. 自然通风环境热舒适模型及其在长江流域的应用研究 [D]. 湖南：湖南大学,2009.

[40] 杨仕超, 李庆祥, 许伟, 等. 居住区风环境与室内自然通风关键技术研究 [J]. 建设科技,2011(23): 26-29,33.

[41] 绿色奥运建筑研究课题组. 绿色奥运建筑评估体系 [M]. 北京：中国建筑工业出版社,2003.

[42] T.J.Chung. Computational fluid dynamics[M]. Cambridge University Press, 2010.

[43] 村上周三. CFD 与建筑环境设计 [M]. 朱清宇 译. 北京：中国建筑工业出版社,2007.

[44] Chen Q, Srebrie J. APPlication of CFD tools for indoor and outdoor environment design[J]. International Journal on Architectural Science, 2000(1): 14-19.

[45] Nyuk Hien Wong, Ardeshir Mahdavi, Jayada Boonyakiat, et al. Detailed multi-zone air flow analysis in the early building design phase[J]. Building and Environment, 2003,38(1): 1-10.

[46] Appupillai Baskaran, Ahmed Kashef. Investigation of air flow around buildings using computational fluid dynamics techniques[J]. Engineering structures, 1996,18(11): 861-875.

[47] Feng Yang, Feng Qian, Stephen S.Y. Lau. Urban form and density as indicators for summertime outdoor ventilation potential: A case study on high-rise housing in Shanghai[J]. Building and Environment, 2013,70(12): 122-137.

[48] 付小平, 王远成, 许静, 等. 建大教授花园风环境的舒适性评价 [J]. 低温建筑技术, 2009(1): 98-100.

[49] B. Hong, B.R. Lin, L.H. Hu, et al. Study on the Impacts of Vegetation on Wind Environment in Residential District Combined Numerical Simulation and Field Experiment[J]. Procedia Environmental Sciences, 2012,13: 1708-1717.

[50] 马剑, 陈水福, 王海根. 不同布局高层建筑群的风环境状况评价 [J]. 环境科学与技术, 2007,30(6)：57–61.

[51] P. J. Littlefair,M. Salvarez,S. Alvarez. Environmental Site Layout Planning[M]. IHS – BRE Press(in English), 2000.

[52] Hugh Barton, Geoff Davis, Richard Guise. Sustainable settlements： a guide for planners, designers and developers[M].New York： World Architecture Special Report(in English),1995.

[53] M.Rohinton Emmanuel. An Urban Approach to Climate–sensitive Design： Strategies for the Tropics[M]. Spon Press(in English), 2005.

[54] Tetsu Kubotaa, Masao Miurab, Yoshihide Tominaga, et al. Wind tunnel tests on the relationship between building density and pedestrian–level wind velocity： Development of guidelines for realizing acceptable wind environment in residential neighborhoods[J]. Building and Environment, 2008,43(10)：1699–1708.

[55] To.AP, Lam.KM. Evaluation of Pedestrian–level wind environment around a row of tall buildings using a quartile–level wind speed descriptor[C].//New Delhi： Proceedings of 9th International Conference on Wind Engineering, 1995：2034–2042.

[56] 赵彬, 林波荣, 李先庭, 等. 建筑群风环境的数值模拟仿真优化设计 [J]. 城市规划汇刊, 2002(2)：57–61,80–81.

[57] 陈飞. 建筑与气候——夏热冬冷地区建筑风环境研究 [D]. 上海：同济大学博士学位论文, 2007.

[58] Sumei Liu, Junjie Liu, Qingxia Yang, et. al. Coupled simulation of natural ventilation and daylighting for a residential community design[J]. Energy and Buildings, 2014,68(1)：686–695.

[59] 杜晓辉, 高辉. 天津高层住宅小区风环境探析 [J]. 建筑学报, 2008 (4)：42–45.

[60] 胡晓峰, 周孝清, 卜增文. 基于室外风环境 CFD 模拟的建筑规划设计 [J]. 工程建设与设计, 2007(4)：14–18.

[61] 田蕾. 建筑环境性能综合评价体系研究 [M]. 南京：东南大学出版社, 2009.

[62] Mahmoud Bady, Shinsuke Kato, Hong Huang. Towards the application of indoor ventilation efficiency indices to evaluate the air quality of urban areas[J].Building and Environment, 2008,43(12)：1991–2004.

[63] 苏晓明. 居住区光污染综合评价研究 [D]. 天津：天津大学, 2011.

[64] 刘鸣. 城市照明中主要光污染的测量、实验与评价研究 [D]. 天津：天津大学, 2007.

[65]　胡伏湘.长沙市宜居城市建设与城市生态系统耦合研究 [D]. 长沙：中南林业科技大学,2012.

[66]　付博.基于 GIS 和遥感的长春市宜居性环境评价研究 [D].长春：吉林大学,2011.

[67]　邓海骏.建设高品质宜居城市探究 [D].武汉：武汉大学,2011.

[68]　赵丽娜.文化资本对城市宜居性的提升功能研究 [D].哈尔滨：哈尔滨工业大学,2010.

[69]　杨卫译.宜居生态市建设理论及其评价指标体系研究 [D].南京：南京理工大学,2009.

[70]　喻李葵.建筑环境性能模拟、评价和优化研究 [D].长沙：湖南大学,2004.

[71]　Marko Vana, Mikael Ehn, Tuukka Petäjä, et al. Characteristic features of air ions at Mace Head on the west coast of Ireland[J]. Atmospheric Research, 2008,90(2-4)：278-286.

[72]　E.R.Jayaratne, F.O.J-Fatokun, L.Morawska. Air ion concentrations under overhead high-voltage transmission lines[J]. Atmospheric Environment, 2008,42(3)：1846-1856.

[73]　Xuan Ling, Rohan Jayaratne, Lidia Morawska. Air ion concentrations in various urban outdoor environments[J]. Atmospheric Environment,2010, 44(18)：2186-2193.

[74]　Chih Cheng Wu, Grace W.M.Lee, Shinhao Yang, et al. Influence of air humidity and the distance from the source on negative air ion concentration in indoor air [J]. Science of the Total Environment, 2006,370(1)：245-253.

[75]　闫秀婧.青岛市森林与湿地负离子水平时空分布研究 [D].北京：北京林业大学,2009.

[76]　潘剑彬.北京奥林匹克森林公园绿地生态效益研究 [D].北京：北京林业大学,2011.

[77]　韩明臣.城市森林保健功能指数评价研究 [D].北京：中国林业科学研究院,2011.

[78]　张凯旋.上海环城林带群落生态学与生态效益及景观美学评价研究 [D].上海：华东师范大学,2009.

[79]　陈佳瀛.城市森林小气候效应的研究——以上海市浦东外环林带为例 [D].上海：华东师范大学,2006.

[80]　蔡春菊.扬州城市森林发展研究 [D].北京：中国林业科学研究院,2004.

[81] 邵海荣,贺庆棠,阎海平,等.北京地区空气负离子浓度时空变化特征的研究 [J].北京林业大学学报,2005,27(3):35–39.

[82] 史琰,金荷仙,唐宇力.杭州西湖山林与市区空气负离子浓度比较研究 [J].中国园林,2009,25(4):82–85.

[83] 张乾隆.西安市典型功能区空气负离子分布特性及评价 [D].西安:长安大学,2009.

[84] 韦朝领,王敬涛,蒋跃林,等.合肥市不同生态功能区空气负离子浓度分布特征及其与气象因子的关系 [J].应用生态学报,2006,17(11):2158–2162.

[85] 吴明作,王江彦,李小伟,等.郑州市公园绿地春季空气质量评价 [J].西南林业大学学报,2011,31(3):22–26.

[86] 罗丰,卢紫君,潘倩虹,等.广州下半年空气负离子分布的时空特征 [J].广东林业科技,2009,25(5):35–40.

[87] 吴志湘,黄翔,黄春松,等.空气负离子浓度的实验研究 [J].西安工程科技学院学报,2007,21(6):803–806.

[88] 成霞.不同送风方式下负离子净化器净化效果的研究 [D].上海:东华大学,2011.

[89] R.Reiter. Frequency distribution of positive and negative small ions concentrations, based on many years recording at two mountain stations located at 740 and 1780 m ASL[J]. Int J Biometer, 1985,29(3):223–225.

[90] 吴楚材,郑群明,钟林生.森林游憩区空气负离子水平的研究 [J].林业科学,2001,37(5):75–81.

[91] 王继梅.空气负离子及负离子材料的评价与应用研究 [D].北京:中国建筑材料科学研究院,2004.

[92] 徐猛,陈步峰,粟娟,等.广州帽峰山林区空气负离子动态及与环境因子的关系 [J].生态环境,2008,17(5):1891–1897.

[93] 蒋翠花,吴新胜,王文清,等.宿迁市区负氧离子浓度变化与气象要素相关分析 [J].环境保护与循环经济,2011(8):55–58.

[94] 郭圣茂,杜天真,赖胜男,等.城市绿地对空气负离子的影响 [J].河北师范大学学报,2006,20(4):478–482.

[95] 段炳奇.空气离子及其与气象因子的相关研究 [D].上海:上海师范大学,2007.

[96] 李继育.植物对空气负离子浓度影响的研究 [D].西北农林科技大学,2008.

[97] Jun Wang, Shu-hua Li. Changes in negative air ions concentration under different

light intensities and development of a model to relate light intensity to directional change[J]. Journal of Environmental Management, 2009,90(8)：2746–2754.

[98] Wang J, Li S. Changes in negative air ions concentration under different light intensities and development of a model to relate light intensity to directional change[J]. Journal of Environmental Management, 2009,90(8)：2746–2754.

[99] Zhang J, Yu Z. Experimental and simulative analysis of relationship between ultraviolet irradiations and concentration of negative air ions in small chambers[J]. Journal of Aerosol Science, 2006,37(10)：1347–1355.

[100] 麦金泰尔. 室内气候 [M]. 龙惟定 译. 上海：上海科学出版社, 1998.

[101] 曾曙才, 苏志尧, 陈北光. 我国森林空气负离子研究进展 [J]. 南京林业大学学报：自然科学版, 2006,30(5)：107–111.

[102] 王洪俊. 城市森林结构对空气负离子水平的影响 [J]. 南京林业大学学报：自然科学版, 2004,28(5)：96–98.

[103] 刘凯昌, 苏树权, 江建发, 等. 不同植被类型空气负离子状况初步调查 [J]. 广东林业科技, 2002,18(2)：37–39.

[104] 范亚民, 何平, 李建龙, 等. 城市不同植被配置类型空气负离子效应评价 [J]. 生态学杂志, 2005,24(8)：883–886.

[105] 李陈贞, 甘德欣, 陈晓莹. 不同生态环境条件对空气负离子浓度的影响研究 [J]. 现代农业科学, 2009,16(5)：174–176.

[106] 李印颖. 植物与空气负离子关系的研究 [D]. 杨凌：西北农林科技大学, 2007.

[107] 吴志萍, 王成, 许积年, 等. 六种城市绿地内夏季空气负离子与颗粒物 [J]. 清华大学学报：自然科学版, 2007,47(12)：2153–2157.

[108] 胡卫华. 竹林生态环境资源分析及旅游开发探讨 [J]. 竹子研究汇刊,2010,29(4)：58–62.

[109] 钟林生, 吴楚材, 肖笃宁. 森林旅游资源评价中的空气负离子研究 [J]. 生态学杂志,1998,17(6)：72–75.

[110] 徐业林, 方玲, 丁文家, 等. 五城市室内外环境空气负离子浓度的调查 [J]. 环境与健康杂志, 1991,8(5)：221–222.

[111] 戈鹤山, 沈少林, 谢明. 大型候车室内空气离子与室内空气质量相关性调查 [J]. 中国卫生监督杂志, 2005,12(3)：168–170.

[112] 孙雅琴, 包冀强, 杨军, 等. 公共场所空气负离子与 CO_2 关系的初步研究 [J]. 环境与健康杂志, 1992,9(6)：263–265.

[113] Xuan Ling, Rohan Jayaratne, Lidia Morawska. The relationship between airborne small ions and particles in urban environments[J]. Atmospheric Environment,2013,

79 (11)：1-6.

[114] 林忠宁 . 空气负离子在卫生保健中的应用 [J]. 生态科学 , 1999,18(2)： 87-90.

[115] 姚素莹 , 廖庆强 , 黄绳纪 . 广州地区空气负离子与环境质量关系的分析 [J]. 广州环境科学 , 2000,15(3)：36- 37.

[116] 龚著革 . 室内空气污染与健康 [M]. 北京：化学工业出版社 , 2003.

[117] 林兆丰 . 环境变化对负离子浓度的影响 [D]. 杭州：浙江大学 , 2010.

[118] 张福金 , 陈锡林 , 宋玲 , 等 . 环境污染对空气负离子浓度影响的实验观察 [J]. 中国康复 , 1988,3(4)：172-175.

[119] Kezhou Cai, Xuelan Liu, Yongjian Xu, et, al. Damage effects induced by electrically generated negative air ions in Caenorhabditis elegans[J]. SCIENCE OF The Total Environment, 2008,401(1-3)：176-183.

[120] 农钢 , 钮式如 . 自然环境和一般室内空气负离子状况调查测定 [J]. 环境与健康杂志 , 1986,3(4)：6-8.

[121] 李素玲 . 高效洁净空调机的研究 [D]. 合肥：合肥工业大学 , 2004.

[122] 黄春松 , 黄翔 , 吴志湘 . 空气负离子产生的机理研究 [C]// 北京：第五届功能性纺织品及纳米技术研讨会论文集 , 2005：373-379.

[123] 朱乐天 . 室内空气污染控制 [M]. 北京：化学工业出版社 ,2003.

[124] 蒙晋佳 , 张燕 . 广西部分景点地面上空气负离子浓度的分布规律 [J] . 环境科学研究 ,2004,17(3)：25-27.

[125] 吴章文 . 森林游憩区保健旅游资源的深度开发 [J]. 北京林业大学学报 , 2003,25(2)：63-67.

[126] 赵保路 . 氧自由基和天然抗氧化剂 [M]. 北京：科学出版社 ,1999.

[127] 覃羽乔 , 刘学锋 , 梁惠宁 , 等 . 空气负离子对女服务员神经行为及身体影响的观察 [J]. 环境与健康杂志 , 1993,10(3)：114-116.

[128] 周晓香 . 空气负离子及其浓度观测简介 [J]. 江西气象科技 , 2002,25(2)：46-47.

[129] 徐昭晖 . 安徽省主要森林旅游区空气负离子资源研究 [D]. 合肥：安徽农业大学 , 2004.

[130] 吴楚材 , 黄绳纪 . 桃源洞国家森林公园的空气负离子含量及评价 [J]. 中南林学院学报 , 1995,15(1)：19-21.

[131] 林忠宁 . 空气负离子在卫生保健中的作用 [J]. 生态科学 , 1999,18(2)：87-90.

[132] 胡国长 . 不同林分类型空气离子的时空分布及其影响因素研究 [D]. 南京：南京林业大学 , 2008.

[133] 王琨 , 孙丽欣 , 李超 , 等 . 不同环境下空气负离子密度的比较与变化机理 [J].

东北林业大学学报, 2009,37(1)：39-41.

[134] 巴鲁克·吉沃尼. 建筑设计和城市设计中的气候因素 [M]. 汪芳 等译. 北京：中国建筑工业出版社, 2011.

[135] 张秀梅, 李景平. 城市污染环境中适生树种滞尘能力研究 [J]. 环境科学动态, 2001(2)：27-30.

[136] P.H. 格拉波夫斯基. 大气凝结核 [M]. 北京：科学出版社, 1978.

[137] 余庄. 利用可再生能源的中国特色零能耗建筑——华中科技大学某教学楼改造工程 [J]. 建筑学报, 2010（S1）：124-126.

[138] 殷平. 负离子发生器对改善室内空气质量无现实意义 [J]. 通风除尘, 1988(4)：24-29.

[139] 吴志萍, 王成. 城市绿地与人体健康 [J]. 世界林业研究, 2007,20(2)：32-37.

[140] 陈自新, 苏雪痕, 刘少宗, 等. 北京城市园林绿化生态效益的研究 (6)[J]. 中国园林, 1998,14(6)：53-56.

[141] 梁诗, 童庆宣, 池敏杰. 城市植被对空气负离子的影响 [J]. 亚热带植物科学, 2010,39(4)：46-50.

[142] 周坚华. 城市生存环境绿色量值群的研究 (5)[J]. 中国园林, 1998,14(5)：61-63.

[143] 江秀芳, 李顺来, 施永强, 等. 福州市空气负离子浓度变化规律的初步分析 [J]. 福建气象, 2005,(5)：39-42.

[144] 王翠云. 基于遥感和 CFD 技术的城市热环境分析与模拟 [D]. 兰州：兰州大学, 2008.

[145] http：//www.hfqx.com.cn/view.asp?id=128.

[146] 佚名. 合肥高温日已有 19 天 省会级 城市 排 11 位 [EB/OL].2013-08-05. http://ah.anhuinews.com/system/2013/08/05/005962273.shtml .

[147] 佚名. 合肥今日空气质量再成"全国最差", 环保局称数据不客观 [EB/OL]. 2013-12-04.http://365jia.cn/news/2013-12-04/AA3D224CEEBE26C8.html .

[148] 王福军. 计算流体动力学分析： CFD 软件原理与应用 [M]. 北京：清华大学出版社, 2004.

[149] 中华人民共和国住房和城乡建设部. 建筑结构荷载规范：GB50009-2012 [S]. 北京：中国建筑工业出版社, 2012.

[150] FluentInc Airpak-3.0-User-Guide[Z].2007.

[151] Baruch Givoni.Climate Considerations in Building and Urban Design[M]. New York： Van Nostrand Reinhold, 1998.

[152] Donald Watson, FAIA, Kenneth Labs. Climate Design： Energy-Efficient Building

Principles and Practices[M]. New York： Mcgraw-Hill Book ComPany, 1983.

[153] 周淑贞 , 束炯 编著 . 城市气候学 [M]. 北京：气象出版社 , 1994.

[154] T.A. 马克斯 , N. 莫里斯 . 建筑物·气候·能量 [M]. 陈士麟 译 . 北京：中国建筑工业出版社 , 1990.

[155] 严丽坤 . 相关系数与偏相关系数在相关分析中的应用 [J]. 云南财贸学院学报 , 2003,19(3)：78-80.

[156] 王薇，张之秋 . 城市住区空气负离子浓度时空变化及空气质量评价——以合肥市为例 [J]. 生态环境学报 , 2014,23(11)： 1783-1791.

[157] 王薇 . 空气负离子浓度分布特征及其与环境因子的关系 [J]. 生态环境学报 , 2014, 23(6)：979-984.